Die schönsten DAMPFLOKS

IMPRESSUM

HEEL Verlag GmbH
Gut Pottscheidt
53639 Königswinter
Telefon 02223 9230-0
Telefax 02223 923013
info@heel-verlag.de
www.heel-verlag.de

5. Auflage, 2024

Verantwortlich für den Inhalt:
Udo Paulitz

Lektorat:
Jost Neßhöver

Satz und Gestaltung:
Stefan Witterhold

Bildmaterial:
Archiv Udo Paulitz,
Patrick Sesseler (S. 148/149 u. 252/253)

Titelfoto:
Jens Wolf / pa picture alliance

Printed in Czech Republic

ISBN 978-3-95843-154-6

UDO PAULITZ

Die schönsten DAMPFLOKS

HEEL

INHALT

Die dreizylindrige Güterzuglokomotive 44 2225 der Deutschen Reichsbahn ist mit einem Güterzug in der Nähe von Kodersdorf in der Lausitz (Strecke Görlitz–Spremberg) unterwegs und lässt dabei ihren typischen Drillingstakt ertönen.

VORWORT

Die Eisenbahn und mit ihr die Dampflokomotive ist unter allen Erfindungen des Industriezeitalters wohl eine der wichtigsten. Ihre Geschichte ist zunächst auch die der Dampftraktion. Die Dampfmaschine gab es bereits seit fast hundert Jahren, als im Jahre 1804 der englische Ingenieur und Maschinenbauer Richard Trevithick seine erste funktionstüchtige Dampflok für eine Kohlengrube konstruierte. Im Jahr 1825 wurde die erste Eisenbahnstrecke zwischen Stockton und Darlington in England mit einer Lokomotive von George Stephenson eröffnet und somit die ersten Passagiere mit einem von einer Lokomotive gezogenen Zug befördert.

Für die geplante Bahn zwischen Liverpool und Manchester wurde im Oktober 1829 das berühmte Lokomotivrennen von Rainhill über eine Distanz von 50 Meilen veranstaltet. Daraus ging die „Rocket" von George Stephenson als klarer Sieger hervor und bewältigte die Strecke mit einer Höchstgeschwindigkeit von bis zu 48 km/h ohne Ausfall.

Damit war ein neues Zeitalter der Mobilität angebrochen – Menschen konnten in Windeseile entfernteste Ziele erreichen, und der Warenverkehr wuchs in neue Dimensionen. Die Technik war Neuland, und noch war nicht einmal die Grundform dessen festgeschrieben, wie denn eine Lokomotive beschaffen sein müsste. Obwohl die Maschinen in vielerlei Hinsicht recht unvollkommen waren und kaum dem Versuchsstadium entwachsen, besaßen sie bereits jene grundlegenden Eigenschaften, die für anderthalb Jahrhunderte bestimmend sein sollten: den Kessel mit zahlreichen Heizrohren, die Feuerbüchse und den Schornstein, der sowohl für die Ableitung des Abdampfes als auch als Blasrohr zur Verbesserung der Verbrennung genutzt wurde.

In schneller Folge wurden in den Industrieländern Eisenbahnstrecken eröffnet. Am 7. Dezember 1835 fuhr in Deutschland die berühmte Lokomotive „Adler" erstmals zwischen Nürnberg und Fürth. Sie war die 118. aus der Lokfabrik Robert Stevensons.

Die 1838 in Dresden gebaute „Saxonia" war die erste in Deutschland gefertigte brauchbare Lokomotive. Noch viele Jahre nach der Erfindung waren Dampfloksn in der Regel Einzelstücke. Abgesehen von der vorgegebenen Spurweite gab es nur wenige gemeinsame Konstruktionsmerkmale. Die Bahnen-Betreiber orderten ihre Fahrzeuge nach individuellen Wünschen und Vorstellungen. Kaum eine Lokomotive glich der anderen.

In den folgenden Jahren erfuhr die Dampflokomotive zahllose Verbesserungen, zu denen Ingenieure und Erfinder in Europa und in den USA beitrugen. Die ersten einheitlich gestalteten, in größeren Serien beschafften Lokomotiven entstanden. Dies brachte erhebliche Kostenvorteile, vereinfachte den Reparatur- und Wartungsdienst sowie die Ersatzteilbevorratung.

Bald erhielten die Modelle eine dem Langkessel vorgebaute Rauchkammer und eine vordere Laufachse zwecks besserer Gleisführung in Kurven. Stets ging es darum, Zugkraft und Geschwindigkeit zu steigern, den Wirkungsgrad zu erhöhen und die Laufruhe zu verbessern. So hatten sich binnen eines Dutzends Jahren die Geschwindigkeiten verdoppelt, die Lokomotivgewichte verdreifacht, die Leistungen gar vervierfacht, und die Maschinen hatten einen akzeptablen Grad der Zuverlässigkeit erreicht.

Es gab zahllose kleinere, aber nicht minder bedeutende Verbesserungen wie Geschwindigkeitsmesser, und allmählich setzten sich auch geschlossene Führerstände durch. Kummer machten aber vor allem der hohe Kohleverbrauch und der geringe Wirkungsgrad. Anatole Mallet, Erfinder der nach ihm benannten Lokomotiven mit mehreren Triebwerken, entwickelte 1867 die Idee der Verbundmaschine mit doppelter Dampfdehnung. Dieses System hatte sich im Dampfschiffbau bestens bewährt. Nach seinem ersten Arbeitsgang im Hochdruckzylinder wurde der Dampf ein zweites Mal in einem Niederdruckzylinder genutzt. Mit diesem System ließen sich große Mengen Brennstoffs sparen.

August von Borris führte das System 1880 bei der Preußischen Staatsbahn ein. Alsbald entstanden auch Dreizylinder- und Vierzylinder-Verbundlokomotiven – letztere erstmals durch den Franzosen Alfred de Glehn im Jahr 1894. Ab 1885 wurde in deutschen Bahnen die mit Druckluft arbeitende Westinghouse-Bremse eingeführt, deren Verbesserung, die Knorr-Bremse, heute noch auf den deutschen Bahnen gebräuchlich ist.

Die Längen der anfangs nur mit jeweils einer Treib- und Laufachse sowie einem zweiachsigen Tender ausgerüsteten Maschinen änderten sich zunächst nur wenig. Bald aber mussten die Züge immer mehr Menschen und Güter befördern. Die Lokomotiven mussten stärker werden, wurden dadurch auch schwerer und benötigten mehr Achsen. Entsprechend wurden auch die Loks immer größer und länger.

So ergab sich das Problem der Bogenläufigkeit von Starrrahmenlokomotiven, im Klartext: Sehr lange Loks kommen nicht durch enge Kurven, wenn sie nicht ausreichend gelenkig sind. 1884 ließ sich wiederum Anatole Mallet die heute unter seinem Namen bekannte kurvengängige Lokbauart mit zwei Triebwerken, von denen eines drehbar oder seitlich verschiebbar gelagert ist, patentieren. Zur Verbesserung der Bogenläufigkeit führte man teilweise auch die Spurkränze der äußeren Treibradsätze in geschwächter Stärke aus, um das Zwängen der Lokomotive in Gleisbögen zu mindern.

Eine weitere bahnbrechende Erfindung für den Dampflokbau war die des Heißdampfes. Diese noch fehlende Komponente für die moderne Dampflok war die Entwicklung des Überhitzers, der es ermöglichte, die Dampftemperatur so weit zu erhöhen, dass während der Expansion im Zylinder keine Verluste durch Kondensierung entstanden.

Diese Errungenschaft ist in erster Linie dem Ingenieur und Maschinenbauer Wilhelm Schmidt zuzuschreiben. Es gelang ihm 1894 nach zahllosen Versuchen, die Temperatur des hochgespannten Dampfes bis auf 350 Grad Celsius heraufzutreiben. Mit dem Ergebnis, dass durch den überhitzten Wasserdampf der Dampfmaschine der thermische Wirkungsgrad gegenüber der Nassdampftechnik um bis zu 50 Prozent verbessert werden konnte.

Robert Garbe, seit 1895 verantwortlicher Lokbeschaffungsdezernent in Preußen, gebührt das Verdienst, die Heißdampftechnik mittels Flammrohrüberhitzer seit 1898 kontinuierlich bei Deutschlands größter Länderbahnverwaltung eingeführt zu haben. Das war der Beginn eines einzigartigen Siegeszuges, der sich rasch auf den Lokomotivbau in aller Welt übertrug.

Die Dampfkraft war mehr als hundert Jahre lang der Antrieb des Eisenbahnbetriebs. Die große Epoche der Eisenbahn dauerte etwa von 1850 bis 1920. In jenen Jahren beherrschte die Dampflok nahezu unangefochten den Betrieb auf Schienen. Kohle war der wichtigste Brennstoff, obgleich weitere Energieträger wie

Torf, Kohlenstaub und vor allem Öl verwendet wurden.
Die Erfindung des Verbrennungsmotors, der im Straßentransport immer größere Bedeutung erlangte, schien zunächst keine Bedrohung darzustellen. Erst später kam der Einsatz von Dieselloks als Ergänzung des Elektroantriebs auf weniger stark frequentierten Strecken hinzu.
1895 kam es in den USA zum ersten Betriebseinsatz von Elektrolokomotiven. 1903 fanden in Deutschland Versuchsfahrten mit Drehstromtriebwagen statt, die bis zu 210 Stundenkilometer schnell waren. Obwohl die elektrische Traktion in den Jahren darauf ihre Überlegenheit bewies, dauerte es lange, bis sie sich im großen Rahmen durchsetzen konnte. Hauptgrund waren die hohen Kosten für den Streckenbau. Ganz allgemein galt die Faustregel, dass der Aufbau einer elektrischen Bahn bis zu sechs Mal mehr kostete als der einer Strecke für Dampfbetrieb mit gleicher Verkehrsleistung.
Seit den 1920er Jahren entwickelte sich der Straßenverkehr – und in den 1950er Jahren auch das Flugzeug – zu einer echten Konkurrenz für die Eisenbahnen in den Industrienationen. Die Bahnen wehrten sich nach Kräften, indem sie neue Techniken anwendeten und nicht nur größere, schnellere und effizientere Dampflokomotiven bauten, sondern immer stärker auf die modernen Traktionsarten Diesel und vor allem den Elektroantrieb setzten.
In den 1930er und den 1940er Jahren erreichte die technische Entwicklung der Dampftraktion ihren Höhepunkt. Im Zweite Weltkrieg und in den Jahren des Wiederaufbaus blieb der Dampfbetrieb dominierend. Die Umstellung auf moderne Traktionsarten war dadurch verzögert, aufzuhalten war sie nicht.
Bereits in der zweiten Hälfte der 1950er Jahre verlor die Dampflokomotive immer mehr an Bedeutung. Elektrische, mit gewisser Einschränkung aber auch mit Dieselmotoren angetriebene Maschinen arbeiteten effizienter, wirtschaftlicher und preiswerter.
In den frühen 1970er Jahren war das Ende des Dampfbetriebs in Westdeutschland und in Westeuropa absehbar. Im Oktober 1977 fuhr eine Dampflok des Bw (Bahnbetriebswerk) Emden ihren letzten Planeinsatz bei der Deutschen Bundesbahn.
In der Reichsbahn der DDR und in vielen osteuropäischen Ländern konnte sich die Dampflok im planmäßigen Zugförderungsdienst meist noch erheblich länger halten. Mit der Jahrtausendwende war aber fast überall das Ende gekommen. Die wenigen Ausnahmen waren fast immer Touristikbahnen respektive im Sonderzugdienst eingesetzte Dampflokomotiven, die von engagierten Eisenbahnfreunden unterhalten werden.
Einen anderen Weg beschritt die Polnische Staatsbahn (PKP), die ab 1990 zunächst recht erfolgreich versuchte, einen Plandienst vor regulären Zügen auf bestimmten Strecken aufzuziehen. Zentrum dieser Aktivitäten war und ist das berühmte Bw Wolsztyn, das aber 2014 aus verschiedenen Gründen gezwungen war, die Dampfzugförderung zumindest vorerst einzustellen.
Heute ist das Zeitalter der Dampflokomotive endgültig vorbei – weltweit und unwiderruflich. Immerhin ist das allerletzte Dampfwölkchen noch nicht überall verflogen. Auch wenn heute die Dampflokomotive praktisch nur noch unter musealem Aspekt betrachtet werden kann – von ihrer Faszination haben diese Zeugen der Technikgeschichte nichts eingebüßt.
Ganz im Gegenteil: Eine betriebsbereite Dampflokomotive als Symbol der „richtigen" Eisenbahn stiehlt noch immer jeder noch so modernen Lokomotive die Schau – und das bei Jung und Alt. Denn im Gegensatz zu dieser „lebenden" Maschine haben die per Knopfdruck bedienbaren modernen Traktionsarten kaum etwas zu bieten.

Die Lokomotive 50 3696 des Bw Glauchau verlässt mit dem P 9631 unter donnerndem Getöse und starker Qualmentwicklung den an der Strecke Zwickau – Aue gelegenen Bahnhof Wiesenburg mit seiner sehenswerten Signalbrücke. Das historische Relikt wird seit der Streckensanierung im Schwarzenberger Eisenbahnmuseum für die Nachwelt erhalten.

Die 1940 von der Berliner Maschinenbau AG (BMAG) an die Deutsche Reichsbahn (DRG) gelieferte dreizylindrige Schnellzuglokomotive 01 1082 befand sich vom 4. Oktober 1972 bis zum 12. September 1974 im Bestand des Bw Rheine. Nach ihrer Ausmusterung am 5. Dezember 1974 wurde die Lokomoti-

DEUTSCHLAND

ve an eine Privatperson in Berlin verkauft. Seit 1986 befindet sich die rollfähige und äußerlich aufgearbeitete Maschine als nicht betriebsfähiges Exponat im Deutschen Technik-Museum (DTM) in Berlin.

Schnellzuglokomotiven

Dieses im Jahr 1965 entstandene Bild zeigt die damals zum Bestand des Bw Kassel-Bahndreieck zählende rostgefeuerte 01 1098. Die 1940 gebaute Lokomotive hatte am 9. Mai 1954 einen Neubaukessel erhalten und gehörte zu jenen Maschinen, die bis zum Ende ihrer Laufbahn mit Kohle geheizt wurden. Sämtliche Lokomotiven waren mit dem fünfachsigen Tender 2` 3 T 38 gekoppelt, in dem 38 m³ Wasser und 10 t Kohle befördert wurden. Ende

1968 wurde diese Maschine zum Bw Braunschweig Hbf umstationiert. Dort stand sie dem Bundesbahnzentralamt Minden für Versuchsfahrten zur Verfügung. Plandienste wurden keine geleistet. Am 24. Juni 1970 wurde sie ausgemustert.

Die Baureihe 01 war die erste Einheitslokomotive, die aus dem 1920 erfolgten Zusammenschluss der Länderbahnen zur Deutschen Reichsbahn-Gesellschaft (DRG) hervorging. Zwischen 1926 und 1938 entstanden 231 Maschinen dieser wohl bekanntesten deutschen Schnellzuglokomotive. Hinzu kamen weitere zehn, die zwischen 1937 und 1942 durch Umbau aus der Vierzylinder-Baureihe 02 in Zweizylindermaschinen der Baureihe 01 eingereiht wurden. Insgesamt war es eine robuste, gut gelungene Lokomotive, die bei der Bundesbahn bis 1973, bei der DDR-Reichsbahn sogar bis 1982 im Einsatz stand. Die hier vor einem Sonderzug abgelichtete 01 118 entstand 1934 bei den Essener Krupp-Werken und blieb nach dem Krieg bei der Reichsbahn der DDR. Am 7. November 1981 wurde die Maschine im Bw Saalfeld ausgemustert. Die bis heute betriebsfähig erhaltene 01 118 wurde von der DDR gegen Devisen in den Westen verkauft und gehört seither der Historischen Eisenbahn Frankfurt (HEF).

Die seinerzeit beim Bw Lichtenberg der Deutschen Reichsbahn (DR) stationierte 01 065 wurde 1928 von der Berliner Maschinenbau AG (BMAG) an die DRG geliefert. Ihre Ausmusterung erfolge als 01 2065 am 19. Juni 1981 beim Bw Berlin-Ostbahnhof. Hier sehen wir die noch mit den großen Wagner-Windleitblechen ausgerüstete Lokomotive vor einem Schnellzug nach Dresden in der Nähe des Berliner S-Bahnhofs Plänterwald.

Die 1935 in den Kasseler Henschel-Werken entstandene 01 2137 verschlug es für die ersten Jahre ihrer Dienstzeit bei der DRG zum Bw Breslau-Hbf. Nach 1945 verblieb die Lokomotive bei der DR und war überwiegend den Bw Leipzig, Erfurt und Dresden zugeteilt. Zum Schluss gehörte sie zu den Bahnbetriebswerken Halberstadt und Saalfeld. Die bis heute museal erhaltene Lokomotive wurde erst am 31. Dezember 1991 aus dem DR-Bestand ausgemustert. Sie befand sich allerdings bis zum Jahr 2000 als betriebsfähige Museumslok im Einsatz. Hier sehen wir die noch mit ihren großen Windleitblechen ausgerüstete Lok am 5. Oktober 1997 vor dem P 3814 vor der Ausfahrt aus dem Bahnhof Görlitz.

BAUREIHE 01 (EINHEITSLOK)

Verwendungszweck	Schnellzuglokomotive
Erstes Baujahr	1926
Bauart	2`C 1` h2
Spurweite	1435 mm
Länge über Puffer	23.940 mm
Dienstgewicht	111,1 t
Treib- und Kuppelraddurchmesser	2000 mm
Achslast	20,2 t
Höchstgeschwindigkeit	130 km/h
Leistung	2240 PSi
gefertigte Stückzahl	241 Stück

Die im Bahnhof Neustadt/Orla (Bahnstrecke Saalfeld – Gera) unmittelbar vor der Abfahrt fotografierte Schnellzuglok 01 2137-8 hat eine vierteilige DR-Doppelstockgarnitur am Haken. Zum Ende ihrer Laufbahn mussten sich die großen Schnellzuglokomotiven auch mit derartigen nicht standesgemäßen Leistungen zufriedengeben.

An einem Augusttag des Jahres 1965 entstand das Foto der noch unter ihrer ursprünglichen Betriebsnummer geführten Hofer Schnellzuglok 01 151 im Wende-Bw Bamberg. Die sehr gepflegte, 1935 von Henschel & Sohn in Kassel gebaute Maschine gehörte zu jenen Lokomotiven, die bei der DB ihren Ursprungskessel behielten. 1968 wurde sie zwar noch als 001 151-0 in das neue computergerechte Nummernsystem aufgenommen, allerdings bereits am 2. Oktober 1968 ausgemustert.

Die Pacific-Lokomotive 01 2066 wurde 1927 bei der Berliner Maschinenbau AG (BMAG) für die DRG gebaut und im Februar des darauffolgenden Jahres in Dienst gestellt. Für die folgenden 15 Jahre war die Maschine beim Bw Hannover-Ost beheimatet, bevor sie noch vor Kriegsende dem Bw Magdeburg-Hbf zugeteilt wurde. Die Lok blieb anschließend bei der DR und beendete ihren Einsatzdienst beim Bw Dresden, wo sie am 15. Mai 1978 ausgemustert wurde. Bis April 1989 diente die einst so stolze Schnellzuglokomotive als Heizlok im VEB Waschmittelwerk Genthin. Am 26. September 1990 erwarb das Bayerische Eisenbahnmuseum (BEM) die Maschine, die bis 1993 wieder voll betriebsfähig aufgearbeitet wurde. Hier sehen wir die markante Lokomotive im Bw Berlin-Schöneweide. Der rechts im Hintergrund sichtbare, über 100 Jahre alte ehemalige Wasserturm dieser Dienststelle ist zwischenzeitlich zugunsten einer anderweitigen Flächennutzung der Abrissbirne zum Opfer gefallen.

Als zur Mitte der 1950er Jahre abzusehen war, dass auf die Dampfloks im schweren Schnellzugdienst mittelfristig noch nicht verzichtet werden konnte, entschloss sich die Deutsche Bundesbahn, insgesamt 50 Lokomotiven der Baureihe 01 mit neuen geschweißten Hochleistungskesseln mit Verbrennungskammer auszurüsten. Die Änderungen an der Front verliehen den Lokomotiven ein wuchtiges und gedrungenes Aussehen. Leider war aus der zuverlässigen und robusten, einfach zu bedienenden 01 durch die besonderen Eigenschaften des Neubaukessels in Verbindung mit der verkleinerten Rostfläche eine hochempfindliche Maschine geworden, deren größere Leistung sich nur nutzen ließ, wenn alle Voraussetzungen erfüllt waren. Da es in den letzten Jahren des Dampfbetriebs oft an sachverständiger Wartung und Pflege mangelte, gerieten die Hochleistungsmaschinen ganz zu Unrecht in Verruf. Auf diesem im Mai 1973 entstandenen Foto zieht die Lokomotive 001 180 den Eilzug E 1649 (Bamberg – Hof) über den Abschnitt von Stammbach nach Münchberg. Nach ihrer Ausmusterung im August 1973 wurde die Maschine an eine Privatperson in die Schweiz verkauft. Das Bayerische Eisenbahnmuseum (BEM) in Nördlingen erwarb die Lok im Jahr 2011 und ließ sie im DLW Meiningen wieder betriebsfähig herrichten. Seit Jahresende 2014 ist Lok 001 180 als einzige DB-01 mit Neubaukessel vor Sonderzügen im Einsatz.

Unter Volldampf donnert die Neubaukessellok 001 227 am frühen Morgen eines Julitages 1972 mit dem Personenzug P 2814 von Hof über den Abschnitt von Oberkotzau nach Schwarzenbach in Richtung Bamberg. Die beeindruckend schöne Dampfwolke mit dem weißen Abdampfhäubchen vor dem breiten, gegenüber der ursprünglichen 01-Ausführung im Durchmesser vergrößerten, doppelwandigen Schornstein wird durch den Heinl-Mischvorwärmer verursacht. Sie ist geradezu charakteristisch für die mit Neubaukesseln ausgerüsteten Maschinen dieser Baureihe. Die abgebildete Schnellzuglokomotive wurde 1937 von Henschel & Sohn an die DRG geliefert und erhielt Anfang 1961 einen Neubaukessel. Am 12. April 1973 wurde die Maschine ausgemustert und anschließend verschrottet.

Anfang der 1970er Jahre wurde das Bw Hof zum Auslauf-Bw für die Baureihe 01 ausgewählt. Hier wurden die letzten Exemplare dieser Baureihe sowohl mit Altbau- als auch mit Neubaukesseln zusammengezogen und bis zum Sommerfahrplan 1973 hauptsächlich auf der Linie nach Bamberg, aber auch nach Weiden/Regensburg im Plandienst vor Reisezügen eingesetzt. Auf der Bamberger Relation mussten die Maschinen die berühmte 1:40-Rampe der Schiefen Ebene überwinden. Auf diesem Bild befindet sich die Neubaukessellok 001 187 mit dem E 1791 auf anstrengender Bergfahrt im Bereich der großen Stützmauer mitten in der Steigung.

BAUREIHE 01 (NEUBAUKESSEL DB)

Verwendungszweck	Schnellzuglokomotive
Erstes Baujahr	1934 (Umbau ab 1958)
Bauart	2` C 1` h2
Spurweite	1435 mm
Länge über Puffer	23.940 mm
Dienstgewicht	108,3 t
Treib- und Kuppelraddurchmesser	2000 mm
Achslast	19,8 t
Höchstgeschwindigkeit	130 km/h
Leistung	2330 PSi
gefertigte Stückzahl	50 Stück

Infolge des großen Mangels an Schnellzugdampflokomotiven konnte die Deutsche Reichsbahn der DDR noch viel weniger als die DB auf die vorhandenen Maschinen der Baureihe 01 verzichten. Ab 1962 wurden die teilweise mehr als 30 Jahre alten und immer häufiger an Verschleißerscheinungen leidenden Maschinen umfassend rekonstruiert. Ursprünglich hatte man diese Maßnahme für sämtliche 65 vorhandenen Maschinen vorgesehen. Man beschränkte sich schließlich auf die Lokomotiven mit verstärkter Bremse, 1000-mm-Laufradsätzen und 130 km/h Höchstgeschwindigkeit. Der schlechte Gesamtzustand der Loks zwang über einen Kesseltausch hinaus zu einer weitgehenden Überarbeitung der gesamten Lokomotive. Zur besseren Unterscheidung erhielten die bis 1966 insgesamt 35 rekonstruierten Loks die Baureihenbezeichnung 01^5. Die seit 1964 in die meisten Loks installierte Ölhauptfeuerung ermöglichte eine weitere Leistungssteigerung. Bis zum Sommerfahrplan 1973 wurden diese Maschinen überwiegend im Interzonenverkehr eingesetzt. Im April 1972 befindet sich die 01 0523 auf Bergfahrt zwischen Bebra und Hönebach.

BAUREIHE 01^5 (UMBAU DR)

Verwendungszweck	Schnellzuglokomotive
Erstes Baujahr	1934 (Umbau ab 1962)
Bauart	2` C 1` h2
Spurweite	1435 mm
Länge über Puffer	24.350 mm
Dienstgewicht	111 t
Treib- und Kuppelraddurchmesser	2000 mm
Achslast	20,1 t
Höchstgeschwindigkeit	130 km/h
Leistung	2500 PSi
gefertigte Stückzahl	35 Stück

Der Dampfbetrieb im Winter ist für den Eisenbahnfreund stets ein besonderer optischer Genuss. Für den Bahnbetrieb hingegen bedeuten Frost, Eis und Schnee erhöhte Anforderungen an Mensch und Maschine. Auch das sollte nicht vergessen werden, wenn man die herrlich weiße Dampfwolke – wie bei der 01 1533 mit einem Sonderzug zwischen Neusalza und Spremberg – voller Bewunderung betrachtet. Die Lok entstand 1964 durch Rekonstruktion aus der 01 116. Die Ausmusterung der mit Ölhauptfeuerung ausgerüsteten Lok erfolgte am 1. April 1884 im Bw Saalfeld. 1992 erhielt sie eine Hauptausbesserung und ist betriebsfähiges Eigentum der Österreichischen Gesellschaft für Eisenbahngeschichte (ÖGEG).

Hier sehen wir die auf Rostfeuerung rückgebaute Lokomotive 01 1533 am 17. Oktober 1992 abfahrbereit vor dem D 1661 in Dresden Hbf. Gleich wird die starke Maschine ihren schweren Schnellzug in Bewegung setzen. Von dieser Baureihe sind fünf Lokomotiven, von denen derzeit zwei betriebsfähig sind, museal erhalten geblieben.

Am 10. April 1993 sehen wir die mit ihrer ursprünglichen Betriebsnummer versehene ölgefeuerte Schnellzuglok 01 509 vor einem Sonderzug im Bahnhof Probstzella. Die Lok entstand im Jahr 1963 durch Rekonstruktion der im Jahr 1935 von den Essener Krupp-Werken gebauten 01 143 im Raw Meiningen. Zwei Jahre später erhielt sie Ölhauptfeuerung. Während ihrer Einsatzzeit wurde sie hauptsächlich vom Bw Wittenberge im Interzonenverkehr eingesetzt. Zuletzt war sie im Bw Saalfeld eingesetzt und rollte 1982 aufs Abstellgleis. Seit dem Frühjahr 2010 steht die von der Pressnitztalbahn erworbene und im DLW Meiningen hauptuntersuchte Lokomotive für Sonderfahrten zur Verfügung.

Auf diesem Bild sehen wir die ölgefeuerte Schnellzuglokomotive 01 0505 am 18. September 1977 vor dem Personenzug P 4005 auf der Saaltalbahn zwischen Leipzig und Gera in der Nähe des Bahnhofs Profen bei schneller Vorbeifahrt. Die 1962 durch Rekonstruktion aus der 01 121 entstandene Maschine wurde am 20. Mai 1981 im Bw Saalfeld ausgemustert und dann verschrottet. Das vorzeitige Ende dieser noch relativ neuen Lokomotiven wurde durch die Ende der 1970er Jahre in der DDR herrschende Ölknappheit wesentlich beschleunigt.

Während eines Einsatzes vor einem Sonderzug ist die Lokomotive 01 509 am 10. April 1993 auf der von Kronach in Richtung Probstzella geführten Frankenwaldbahn in der Nähe von Ludwigsstadt talfahrend unterwegs. Diese zu Dampfzeiten berüchtigte und in der Regel nur mit Schiebeloks zu bewältigende Rampenstrecke überwindet die Höhen des Frankenwaldes und steigt bis zum Brechpunkt in Steinbach am Wald bis auf 594 m. Die bereits kurz vor Kriegsbeginn elektrifizierte Strecke ist nach wie vor die Hauptverbindung zwischen Berlin und München.

Aus Doppelstockwagen gebildet ist die Garnitur des P 7112, den die 01 1531 zwischen den Bahnhöfen Unterwellenborn und Saalfeld talwärts befördert. Diese Wagenzüge waren speziell für den Berufsverkehr entwickelt worden und bei der DDR-Reichsbahn häufig anzutreffen. Die abgebildete Maschine war die ursprüngliche 01 158 der DRG, die am 22. Dezember 1939 als Hauptakteurin an der verhängnisvollen Bahnkatastrophe in Genthin beteiligt war, die entsetzlich viele Menschenleben forderte. Die nahezu völlig zerstörte Lokomotive wurde nur in Anbetracht des kriegsbedingten Lokmangels wieder in Dienst gestellt. 1964 wurde aus ihr die ölgefeuerte 01 0531, die bis heute als rostgefeuerte Lokomotive im Bw Arnstadt als rollfähiges Exponat überlebt hat.

Die dreizylindrigen Schnellzuglokomotiven der Baureihe 01^{10} entstanden im Auftrag der DRG als Weiterentwicklung der zweizylindrigen Baureihe 01. Die letzteren Lokomotiven waren der starken Zunahme des Reisezugverkehrs und den gestiegenen Zuglasten in den 1930er Jahren nur noch bedingt gewachsen. Das Leistungsprogramm sah eine Höchstgeschwindigkeit von 150 km/h und die Beförderung von Zügen von 550 t in der Ebene mit 120 km/h vor. 1939 wurde die erste Lokomotive ausgeliefert. Kriegsbedingt entstanden von den ursprünglich projektierten 400 Einheiten bis 1940 nur noch 55 Stück. Nach 1945 verblieben alle Lokomotiven bei der DB. Ab 1953 erhielten sämtliche Maschinen neue Hochleistungskessel mit Verbrennungskammer und teilweise Ölhauptfeuerung. Zu den rostgefeuerten Lokomotiven zählte die von der Berliner Maschinenbau AG (BMAG) 1940 gebaute 01 1062, die hier vor einem Sonderzug für Eisenbahnfreunde in Marbach zu sehen ist. Am 12. April 1973 musste die im Bw Rheine stationierte Maschine als letzte rostgefeuerte Lok dieser Baureihe Abschied von der Schiene nehmen.

Die letzten rostgefeuerten Loks der Baureihe 01^{10} beschlossen ihre Tage im Bw Rheine. Zusammen mit ihren ölgefeuerten Schwestern lösten sie die dort nur für kurze Zeit beheimateten 01-Lokomotiven ab. Da dem Bw schon bald ausreichend ölgefeuerte 01^{10} (ab 1968 als 012 bezeichnet) zur Verfügung standen, wurden die rostgefeuerten Loks (ab 1968 011) bei anstehenden Fristuntersuchungen oder größeren Reparaturen abgestellt und ausgemustert. Die letzten 011 wurden im Personenzugdienst und für Sonderleistungen auf der Emslandstrecke aufgebraucht. Die 011 072, die hier an einem Julitag des Jahres 1971 mit dem P 3122 den Bahnhof Lingen in Richtung Rheine verlässt, wurde am 27. Dezember 1972 ausgemustert.

BAUREIHE 01^{10} (UMBAU DB/ROSTFEUERUNG)

Verwendungszweck	Schnellzuglokomotive
Erstes Baujahr	1930 (Umbau ab 1953)
Bauart	2`C 1`h3
Spurweite	1435 mm
Länge über Puffer	24.130 mm
Dienstgewicht	110,8 t
Treib- und Kuppelraddurchmesser	2000 mm
Achslast	20,2 t
Höchstgeschwindigkeit	140 km/h
Leistung	2350 PSi
gefertigte Stückzahl	21 Stück

Baureihe 01^{10} (Umbau DB/Ölhauptfeuerung)

Die ursprünglich zwecks Verminderung des Luftwiderstands mit einer Stromlinienverkleidung ausgelieferten und für eine Höchstgeschwindigkeit von 150 km/h ausgelegten Schnellzuglokomotiven der Baureihe 01^{10} wurden infolge des Krieges nur selten in den für sie vorgesehenen Einsatzbereichen verwendet. Bei Kriegsende waren fast alle abgestellt und durchweg heruntergekommen. Hinzu kam, dass die für den Kessel verwendete Stahllegierung ST 47 k sich als nicht alterungsbeständig erwiesen hatte. Das Problem blieb bestehen, als die Maschinen zwischen 1949 und 1951 die Hauptuntersuchung absolviert hatten und dem Betriebsdienst wieder zugeführt worden waren. Da das Material mittlerweile so starke Ermüdungserscheinungen zeigte, dass Betriebsgefahr gegeben war, entschloss sich die DB, ab 1953 neue, leistungsstärkere Ersatzkessel einzubauen. Im Juli 1956 erhielt die 01 1100 als erste der Baureihe Ölhauptfeuerung. Ob der positiven Erfahrungen und einer Leistungssteigerung um 12 Prozent ließ die DB – trotz des bereits eingeleiteten Strukturwandels in der Zugförderung – kurzfristig weitere 33 Lokomotiven umrüsten. Diese nur mit verhältnismäßig geringen Kosten verbundene Maßnahme holte aus der Konstruktion das leistungsmäßige Optimum heraus.
In dieser Ausführung erlebte die Baureihe 01^{10} ihre leider nur kurze Blütezeit mit üblichen Monatsleistungen von mehr als 25.000 km. Seit Oktober 1972 wurde Rheine das Bw für diese Baureihe. Bis zum Sommerfahrplan 1975 bespannten die mittlerweile schon stark abgenutzten Maschinen die meisten Reisezüge auf der Emslandstrecke zwischen Rheine und Norddeich-Mole. Am 24. Februar 1973 zog die 012 082 von Rheine in Richtung Lingen den E 1937, dessen kleine Wagenlast der starken Maschine kaum Anstrengungen bereitete.

Weit unter ihrem Wert eingesetzt wurde die starke Schnellzuglok 012 084 vor dem aus vier Umbauvierachsern bestehenden Personenzug P 3146, mit dem die Maschine am 12. August 1972 gerade in den Bahnhof Elbergen einfährt. Zum Ende der Dampflokzeit mussten sich viele der ehemaligen Schnellzugstars auch mit solch wenig standesgemäßen Leistungen zufriedengeben. Die 1954 mit neuem Kessel ausgerüstete und am 14. Juni 1957 auf Ölhauptfeuerung umgestellte Lokomotive wurde am 24. August 1973 im Bw Rheine ausgemustert.

Am 24. Mai 1997 präsentierte sich die ölgefeuerte 01 1100 in ihrer ganzen Pracht der Kamera. Die am 26. Juni 1975 im Bw Rheine ausgemusterte Lokomotive gehörte zu den letzten sieben Maschinen der Baureihe, die bis zum Beginn des Sommerfahrplans 1975 als letzte planmäßig eingesetzte Schnellzuglokomotiven Westeuropas ihren Dienst versahen. Bis 1983 stand die Lok bei einem Schrotthändler in Mülheim/Ruhr. Anlässlich der Feiern zum 150. der deutschen Eisenbahnen wurde die Maschine betriebsfähig wieder hergerichtet und bis zum Jahr 2005 im Sonderzugdienst eingesetzt. Seit 2012 verhindern bürokratische Hemmnisse die Inbetriebnahme der frisch untersuchten Lokomotive.

Hier sehen wir die gerade erst aufgearbeitete 01 1100 unter ihrer alten Betriebsnummer im Sommer 1985 im Nürnberger Hbf. Da die Lok während ihrer achtjährigen Abstellzeit im Freien stark gelitten hatte, waren die Restaurierungsarbeiten sehr umfangreich und kostspielig. Anstelle des nicht mehr verwendbaren Führerhauses wurde ein baugleiches der Güterzuglok 043 636 eingebaut. Im Zuge der Vorbereitungen für das Eisenbahnjubiläum erinnerte sich die DB-Chefetage gerade noch rechtzeitig ihrer Vergangenheit und hob das seit 1975 bestehende völlig unsinnige Dampflokverbot auf DB-Gleisen auf. Seither dürfen Dampflokomotiven auf DB- und DB AG-Gleisen wieder fahren, was aber durch Auflagen immer mehr erschwert wird.

Baureihe 01^{10} (Umbau DB/Ölhauptfeuerung)

Die Lokomotive 01 1075 am 24. August 1968 im Bw Hamburg-Altona. Dieses Bahnbetriebswerk erhielt im Frühjahr 1967 die ersten Maschinen dieser ölgefeuerten Baureihe zugeteilt. Haupteinsatzgebiet war die Beförderung der teilweise sehr schweren Schnellzüge mit knappen Fahrzeiten auf der Marschbahn nach Westerland auf Sylt. Dort konnten die starken Maschinen letztmalig zeigen, was in ihnen steckte. 01 1075 oder 012 075, wie sie ab 1968 geführt wurde, beendete ihren Dienst bei der DB am 26. Juni 1975. Seit 1992 ist die von der SSN (Stoom Stichting Nederland) erworbene Lokomotive wieder betriebsbereit. Im Zuge der Hauptuntersuchung im DLW Meinigen wurde die Maschine auf Rostfeuerung rückgebaut. Im Frühjahr 2010 erhielt die Lok eine PZB90-Anlage und ist seither auf deutschen Strecken uneingeschränkt einsetzbar.

BAUREIHE 01^{10} (UMBAU DB/ÖLHAUPTFEUERUNG)

Verwendungszweck	Schnellzuglokomotive
Erstes Baujahr	1939 (Umbau ab 1956)
Bauart	2`C 1`h3
Spurweite	1435 mm
Länge über Puffer	24.130 mm
Dienstgewicht	110,8 t
Treib- und Kuppelraddurchmesser	2000 mm
Achslast	20,2 t
Höchstgeschwindigkeit	140 km/h
Leistung	2470 PSi
gefertigte Stückzahl	34 Stück

1934 hatte die DRG damit begonnen, die Fahrtzeiten der Reisezüge auf vielen Fernstrecken zu verkürzen und die zulässige Höchstgeschwindigkeit auf 120 km/h heraufzusetzen. Neben dem Aufbau eines hauptsächlich Geschäftsreisenden vorbehaltenen Schnelltriebwagennetzes mussten auch die regulären Schnellzüge noch mehr Tempo vorlegen. Mit den vorhandenen Schnellzugdampfloks mit Zwillingstriebwerk der Baureihen 01 und 03 war das nicht machbar. Bei den erwarteten Geschwindigkeiten von 140 bis 150 km/h waren diese Maschinen eindeutig überfordert. Eine Lösung des Problems bot nur die Beschaffung neuer, unter der Baureihenbezeichnung 01^{10} geführter Lokomotiven, die mit Drillingstriebwerk und Stromschale ausgeführt werden sollten. Zwischen 1939 und 1940 stellte die DRG 55 Maschinen in Dienst. Nach Kriegsende wurden die Verkleidungen entfernt und die Loks mit neuen Kesseln und teilweise mit Ölhauptfeuerung ausgerüstet. Die am 29. Dezember 1972 im Bw Rheine ausgemusterte 01 1102 (012 102) diente von 1974 bis 1995 als Denkmallok in Bebra.

BAUREIHE 01^{10} (DRG MIT STROMLINIENVERKLEIDUNG)

Verwendungszweck	Schnellzuglokomotive
Erstes Baujahr	1939
Bauart	2`C 1`h3
Spurweite	1435 mm
Länge über Puffer	24.130 mm
Dienstgewicht	114,3 t
Treib- und Kuppelraddurchmesser	2000 mm
Achslast	20,2 t
Höchstgeschwindigkeit	150 km/h
Leistung	2120 PSi
gefertigte Stückzahl	55 Stück

Durch die kritische Finanzlage des Deutschen Reiches ließ sich der in den 1920er Jahren angestrebte Ausbau des Hauptstreckennetzes auf 20 t Achslast nur schleppend verwirklichen. Besonders benachteiligt war das Streckennetz in den norddeutschen Direktionen, auf dem wegen zu leichten Oberbaus die neuen Schnellzuglokomotiven der Baureihe 01 nicht fahren konnten. Grund für die Entscheidung, der Einheitslok 01 eine leichtere Bauvariante für 18 t Achslast zur Seite zu stellen. Die Einsparungen erreichte man durch schlankeren Kessel, leichteren Rahmen und kleinere Zylinder. Ansonsten waren sich beide Maschinen sehr ähnlich. Bis 1937 stellte die DRG 298 Maschinen in Dienst. Nach Kriegsende verblieben 150 Loks bei der DB, 86 bei der DR und zahlreiche weitere Maschinen in Polen. Bei der DB waren bis September 1972 alle Maschinen, die zuletzt im Bw Ulm stationiert waren, ausgemustert. Hier ist die 003 131 im Bahnhof Ulm abfahrbereit vor einem Eilzug in Richtung Friedrichshafen zu sehen.

Die Schnellzuglokomotive 03 001 wurde als erste Maschine dieser Baureihe am 2. Juli 1930 von der Lokomotivfabrik Borsig in Berlin an die DRG geliefert. Vor der Übergabe an den Betriebsdienst wurde die Lok eingehend vom Lokomotiv-Versuchsamt Grunewald auf Herz und Nieren getestet. Erst dann wurde sie dem Bw Osnabrück Hbf zugewiesen. Nach 1945 verblieb die Maschine bei der Reichsbahn in der DDR. Sie war überwiegend bei den Bahnbetriebswerken Dresden-Altstadt und Berlin-Ostbahnhof stationiert, bevor sie im März 1969 abgestellt und konserviert wurde. Im November 1978 erfolgte die betriebsfähige Aufarbeitung im Raw Meiningen und die anschließende Übergabe an das Verkehrsmuseum Dresden. Bis die Lok im Jahr 2000 wegen eines Kesselschadens abgestellt werden musste, absolvierte sie zahlreiche Sonderfahrten, wie diese Aufnahme vom April 1985 zeigt. Die im Originalzustand mit großen Windleitblechen erhaltene Maschine ist seither als gepflegtes, rollfähiges Exponat im Bw Dresden-Altstadt zu bewundern.

Bei der DR gab es Ende 1954 noch 78 03-Lokomotiven. Sie waren selbst noch Mitte der 1970er Jahre im hochwertigen Reisezugdienst auf Flachlandstrecken im Einsatz. Der permanente Mangel an Schnellzuglokomotiven hatte aber zur Folge, dass die Baureihen 01 und 03 – trotz des vorhandenen Leistungsgefälles – in gleichen Dienstplänen eingesetzt wurden und die gleichen Züge bespannen mussten. Dabei war die leichtere und schwächere 03 häufig überfordert. Ab 1968 wurden daher in insgesamt 52 Maschinen die jetzt überzähligen Neubaukessel der ausgemusterten Baureihe 52 eingebaut, sodass diese Lokomotiven leistungsmäßig jetzt der Baureihe 01 nahe kamen. Die abgebildete 02 2204 ist die einzige erhalte 03 mit Altbaukessel und Mischvorwärmer. Seit 1991 befindet sich die betriebsfähig erhaltene Lok im Besitz des Lausitzer Dampflokclubs (LDC).

Die 1936 von der Berliner Lokfabrik Borsig für die Deutsche Reichsbahn-Gesellschaft gefertigte Lokomotive 03 204 war bis 1944 im Bw Cottbus beheimatet und wurde überwiegend im hochwertigen Reisezugverkehr auf der Relation nach Breslau eingesetzt. 1974 war die Maschine letztmalig bei der DR im Einsatz und diente von 1977 bis 1990 als Denkmallok in Cottbus. Seit 1993 ist die im Besitz des Lausitzer Dampflokclubs befindliche Maschine wieder einsatzfähig. Hier sehen wir sie vor einem Sonderzug bei Reichenbach.

BAUREIHE 03 (DB/DR)

Verwendungszweck	Schnellzuglokomotive
Erstes Baujahr	1930
Bauart	2`C 1`h2
Spurweite	1435 mm
Länge über Puffer	23.905 mm
Dienstgewicht	100,3 t
Treib- und Kuppelraddurchmesser	2000 mm
Achslast	18,2 t
Höchstgeschwindigkeit	130 km/h
Leistung	1980 PSi
gefertigte Stückzahl	298 Stück

Die ab 1939 in Serie gegangene Dreizylinderlokomotive der Baureihe 03^{10} war eine Weiterentwicklung für den schnellen Reisezugdienst auf Basis der leichteren Zweizylinder-Baureihe 03 für Strecken mit 18 t Achslast. Die Maschinen hatten äußerlich große Ähnlichkeit mit der stärkeren Baureihe 0110 und ebenfalls Stromlinienverkleidung. Das Leistungsprogramm sah eine Höchstgeschwindigkeit von 150 km/h und die Beförderung von Schnellzügen mit 540 t Gewicht in der Ebene mit 120 km/h vor. Infolge des Krieges wurden nur noch 60 Einheiten gefertigt, von denen 26 Maschinen zur DB und 21 zur DR gelangten. Bei der DR rekonstruierte das Raw Meiningen in den Jahren 1958/59 insgesamt 16 Lokomotiven. Sie erhielten neue Kessel mit Verbrennungskammer und Mischvorwärmeranlage. 14 Loks wurden 1965 auf Ölhauptfeuerung umgerüstet. Die im Bw Stralsund stationierten Lokomotiven zählten damit zu den leistungsstärksten Schnellzugmaschinen der Deutschen Reichsbahn. Hier hat die 03 0058 an einem Juniabend 1978 aus Richtung Berlin kommend den Gleisbogen des Blankenheimer Kreuzes durchfahren und schickt sich an, auf der nun folgenden Rennstrecke nach Eberswalde wieder Streckenhöchstgeschwindigkeit zu erreichen.

Die 1940 von der Krauss-Maffei AG in München-Allach an die DRG gelieferte 03 1090 erhielt 1959 einen Neubaukessel und war seither im Bw Stralsund beheimatet. 1969 wurde die Lok auf Ölhauptfeuerung umgerüstet. Am 19. Juni 1979 hatte die Maschine ihren letzten Einsatztag; ausgemustert wurde sie allerdings erst am 24. Juli 1985. Die Lok, die hier auf einer Ausstellung am 22. Mai 1993 in Potsdam-Stadt zu sehen ist, sollte eigentlich verschrottet werden. Der Zivilcourage engagierter Stralsunder Eisenbahner war es zu verdanken, dass der Maschine dieses erspart blieb. Heute ist sie äußerlich aufgearbeitet, aber nicht betriebsfähig.

Die Dreizylinder-Schnellzuglokomotive 03 0075 wartet am 8. September 1977 unter der Halle des Berliner Ostbahnhofs vor dem D 316 auf Ausfahrt in Richtung Ostseeküste. In Erwartung des Abfahrauftrags durch den Aufsichtsbeamten ist der Blick des Lokpersonals nach hinten gerichtet. Zu dieser Zeit gab es in Europa vermutlich keine andere Dampflokbaureihe mehr, mit der täglich über eine Distanz von über 300 Kilometern gefahren wurde.

Baureihe 03^{10} (Umbau DR)

Bei bereits tiefem Sonnenstand eines Februarnachmittags 1978 röhrt die heute noch betriebsfähig erhaltene 03 0010 (ex. 03 1010) mit dem D 814 mit Laufweg Leipzig – Berlin – Neubrandenburg – Stralsund nördlich des Blankenburger Kreuzes durch das verschneite, flache Land in Richtung Ostseeküste. Die 1940 in der Berliner Lokomotivfabrik Borsig gebaute Maschine erhielt 1980 bei der DR den Status einer Traditionslok. Sie steht unter Regie des DB-Museums Nürnberg als voll betriebsfähige Museumslokomotive für Sonderfahrten zur Verfügung.

BAUREIHE 03^{10} (UMBAU DR)

Verwendungszweck	Schnellzuglokomotive
Erstes Baujahr	1939 (Umbau DR ab 1958
Bauart	2`C1`h3
Spurweite	1435 mm
Länge über Puffer	23.905 mm
Dienstgewicht	104 t
Treib- und Kuppelraddurchmesser	2000 mm
Achslast	18,4 t
Höchstgeschwindigkeit	140 km/h
Leistung	1990 PSi
gefertigte Stückzahl	16 Stück

Die ab 1911 gebaute preußische Gattung S 10^1 und spätere Reichsbahn-Baureihe 1710 war mit ihrem Vierzylinder-Verbundtriebwerk die leistungsfähige Schnellzugmaschine der Preußischen Staatseisenbahn. 1914 wurde eine überarbeitete Ausführung, bei der die Zylinder in einer Ebene lagen, ausgeliefert. Die Lokomotiven erwiesen sich als sehr leistungsfähig und erreichten bei verschiedenen Messfahrten problemlos Geschwindigkeiten von bis zu 152 km/h. Von den insgesamt 254 gefertigten Maschinen kamen noch 209 Loks zur Deutschen Reichsbahn (DRG). Nach Kriegsende wurden die bei der DB verbliebenen Loks bereits Anfang der 1950er Jahre überflüssig, während bei der DR diese Baureihe bis 1963 abgestellt wurde. Die Lok 17 1055 ist als einziges Exemplar erhalten geblieben und gehört heute dem Verkehrsmuseum Dresden.

BAUREIHE 17^{10} (PREUSSISCHE S 10^1)

Verwendungszweck	Schnellzuglokomotive
Erstes Baujahr	1911
Bauart	2` C h4v
Spurweite	1435 mm
Länge über Puffer	20.910 mm
Dienstgewicht	82,22 t
Treib- und Kuppelraddurchmesser	1980 mm
Achslast	17,5 t
Höchstgeschwindigkeit	120 km/h
Leistung	1420 PSi
gefertigte Stückzahl	254 Stück

Baureihe 18^2 (Versuch DR)

Die ursprünglich in einer mittelgrünen Lackierung und durch weiße seitliche Zierstreifen verschönerte Lokomotive wurde neben ihrer Tätigkeit als Brems- und Versuchslok bis weit in die 1970er Jahre nebenher auch vor Planzügen eingesetzt. Nachdem infolge der Ölkrise alle ölgefeuerten Dampflokomotiven in den Jahren 1981/1982 abgestellt wurden, blieb sie als einzige Öllok im Betriebsbestand der DDR-Reichsbahn. 1994 ging sie in das Eigentum der Deutschen Bahn AG über. Zwischen 2002 und 2005 war die Maschine in einer roten Sonderlackierung (RAL 3003) – hier ist sie am 25. September 2004 in Nossen zu sehen – unterwegs. Die anschließend wieder in grün umlackierte Lokomotive ist bis heute betriebsfähig erhalten geblieben und wird fallweise vor Sonderzügen eingesetzt.

Für die Erprobung neuer, für den DDR-Export wichtiger Reisezugwagen im Geschwindigkeitsbereich bis 160 km/h benötigte die Versuchsanstalt Halle (VES-M) dringend schnelle Lokomotiven. An diesen herrschte Mangel, sodass man sich zum kompletten Umbau der früheren Schnellfahr-Tenderlok 61 002 des Henschel-Wegmann-Zuges entschloss. Da sich für dieses Einzelstück keine rechte Verwendungsmöglichkeit bot, entstand aus ihr die Schnellfahr-Schlepptenderlokomotive 18 201, die sich für den vorgenannten Zweck als bestens geeignet erweisen sollte. Das überaus schnittige Erscheinungsbild der Lokomotive gehört zu den besten Schöpfungen der VES-M Halle und des Raw Meiningen. Alle auf dem Kessel befindlichen Aufbauten verschwanden unter einer bis zum Führerhaus reichenden Verkleidung. Fahrzeugfront, Zylinderpartie und Schlepppradsatz waren durch eine formschöne Umlaufschürze verbunden. Die Windleitbleche waren der Verkleidung angepasst. 1967 erhielt die in mittelgrün lackierte Lokomotive Ölhauptfeuerung und ist mit 182,5 km/h die derzeit schnellste betriebsfähige Dampflok der Welt.

BAUREIHE 18^2 (VERSUCH DR)

Verwendungszweck	Versuchs- und Schnellfahrlok
Erstes Baujahr	1939 (Umbau 1961)
Bauart	2' C 1` h3
Spurweite	1435 mm
Länge über Puffer	25.145 mm
Dienstgewicht	113,6 t
Treib- und Kuppelraddurchmesser	2300 mm
Achslast	20,8 t
Höchstgeschwindigkeit	180 km/h
Leistung	1590 PSi
gefertigte Stückzahl	1 Stück

Für die Beförderung von Schnellzügen auf der flachen Oberrheinstrecke zwischen Basel und Heidelberg beschafften die Badischen Staatsbahnen ab 1918 insgesamt 20 Vierzylinder-Verbundlokomotiven der Gattung IV h bei Maffei in München. Entsprechend dem vorgegebenen Einsatzzweck wurde die IV h als reiner Flachlandrenner mit einem Treibraddurchmesser von 2100 mm ausgerüstet. Bei Probefahrten beförderte die Lokomotive in der Ebene 650-t-Züge mit 100 km/h. Trotz ihrer Leistungen blieben diese Maschinen immer ein wenig die Stiefkinder unter den Schnellzugloks. Bereits kurz nach Kriegsende wurden alle Maschinen als Splittergattung bis auf drei für das BZA Minden als Versuchs- und Bremslokomotiven benötigte Loks ausgemustert. Auf einer dieser Fahrten erreichte die 18 316 eine Spitzengeschwindigkeit von 162 km/h. Nach einer Zeit als Denkmallok wurde sie hauptuntersucht und reaktiviert. Bis zu einem kostspieligen Schaden 2001 war sie in Betrieb und ist seither im Mannheimer Museum für Technik und Arbeit abgestellt. Hier sehen wir die formschöne Maschine am 19. März 1995 im Bw Cottbus.

BAUREIHE 18^3 (BADISCHE IV H)

Verwendungszweck	Schnellzuglokomotive
Erstes Baujahr	1918
Bauart	2`C 1`h4v
Spurweite	1435 mm
Länge über Puffer	23.230 mm
Dienstgewicht	103,5 t
Treib- und Kuppelraddurchmesser	2100 mm
Achslast	17,9 t
Höchstgeschwindigkeit	140 km/h
Leistung	2200 PSi
gefertigte Stückzahl	20 Stück

Obwohl die 1969 ausgemusterte 18 316 als Denkmalslok mehr als 20 Jahre im Freien gestanden hatte, gelang es, sie 1994 im polnischen Ausbesserungswerk Pila betriebsfähig wieder herzurichten. Infolge der mittlerweile ungewohnt komplizierten Technik, für die es praktisch keine Fachleute mehr gab, waren im DLW Meiningen verschiedene Nacharbeiten erforderlich, die sich bis 1996 hinzogen. Danach wurde die Lok den Ulmer Eisenbahnfreunden übergeben, die mit ihr Sonderfahrten unternahmen. Es traten aber immer wieder die auch auf dieser Aufnahme sichtbaren Undichtigkeiten an den Zylindern auf, die den Betrieb der Diva erschwerten. Nach einem 2001 aufgetretenen Riss im Radreifen der ersten Treibachse wurde die Maschine aufgrund der zu hohen Reparaturkosten seither nicht mehr in Betrieb genommen.

Die erstmals 1908 von der Firma Maffei in München für die Bayerische Staatsbahn gebaute Gattung S 3/6 ist eine der formschönsten, zugleich aber auch eine der populärsten Lokomotivgattungen in Deutschland. Der Beschaffungszeitraum der in mehreren Ausführungen gebauten Vierzylinder-Verbundlokomotiven erstreckte sich bis zum Jahr 1931 und umfasste insgesamt 130 Einheiten, was letztlich auch für Güte und Leistungsfähigkeit der Konstruktion spricht. Die von der DRG mit der Nummer 184 eingeordnete Baureihe besaß nicht nur sehr günstige Verbrauchswerte, sie hatte auch außerordentlich gute Laufeigenschaften. Die abgebildete Maschine wurde 1914 gebaut und als 18 478 am 15. März 1959 im Bw Ulm ausgemustert. Die Lokomotive wechselte seither mehrfach den Besitzer, ist aber bis heute betriebsfähig erhalten. Hier sehen wir sie in einer von einem Modellbahnhersteller 2003 veranlassten, wenig vorbildgerechten blau-violetten Sonderlackierung.

Im Jahr 1960 erwarb der Schweizer Ingenieur Serge Lory die ausgemusterte Lokomotive 18 478 mit dem Ziel, sie in den Ursprungszustand zu restaurieren. Leider konnte der 1981 verstorbene Besitzer diese Arbeiten nicht mehr zum Abschluss bringen. 1993 erwarb das Bayerische Eisenbahnmuseum (BEM) in Nördlingen die Maschine, die sich nach einer Hauptuntersuchung bis 1996 wieder ans Laufen bringen ließ. Die Lok war in einem grün-schwarzen Anstrich nach Vorbild der Originallackierung gehalten. Nach einer erneuten Untersuchung war die Schnellzuglok im Jahr 2010, pünktlich zum 175. Eisenbahngeburtstag wieder betriebsbereit. Nachdem die auslaufende Kesselfrist im Mai 2014 einen weiteren Betrieb nicht zuließ, wartet sie auf eine weitere – kostspielige – Untersuchung.

BAUREIHE 18^4 (BAYERISCHE S 3/6)

Verwendungszweck	Schnellzuglokomotive
Erstes Baujahr	1930
Bauart	2`C 1`h2
Spurweite	1435 mm
Länge über Puffer	23.905 mm
Dienstgewicht	100,3 t
Treib- und Kuppelraddurchmesser	2000 mm
Achslast	18,2 t
Höchstgeschwindigkeit	130 km/h
Leistung	1980 PSi
gefertigte Stückzahl	298 Stück

BAUREIHE 18^6 (UMBAU DB)

Verwendungszweck	Schnellzuglok
Erstes Baujahr	1953
Bauart	2`C 1` h4v
Spurweite	1435 mm
Länge über Puffer	22.862 mm
Dienstgewicht	96,1 t
Treib- und Kuppelraddurchmesser	1870 mm
Achslast	18,1 t
Höchstgeschwindigkeit	120 km/h
Leistung	1950 PSi
gefertigte Stückzahl	30 Stück

In den 1950er Jahren unternahm die DB einige Anstrengungen, um das vorhandene Lokmaterial zu modernisieren und es noch weitere Jahre wirtschaftlich einsetzen zu können. In dieses Programm wurden auch 30 Maschinen der Baureihen 18^{4-5} einbezogen. Zwischen 1953 und 1956 erhielten sie neue geschweißte Hochleistungskessel und Einheitsführerhäuser und wurden seither als Baureihe 186 eingeordnet. Sie wurden überwiegend vom Bw Lindau auf den Strecken Süddeutschlands eingesetzt, allerdings bereits am 29. Mai 1965 ausgemustert. Nur die Lokomotive 18 612, die eine Laufleistung von mehr als 3,3 Millionen Kilometer erbrachte, ist im Deutschen Dampflokmuseum (DDM) in Neuenmarkt-Wirsberg erhalten geblieben.

Als letzte und größte Schnellzuglokomotive der Sächsischen Staatsbahn entstand im Jahr 1918 die Gattung XX HV. Es war eine speziell für den Mittelgebirgsraum entwickelte Vierzylinder-Verbundmaschine, deren Abmessungen aber auf die Größe der vorhandenen Drehscheiben angepasst werden mussten. So mussten das Laufwerk sehr gedrängt und die Zylinder recht knapp bemessen werden, was in Betrieb und Wartung zu Problemen führte. Ansonsten bewährten sich die mächtigen Maschinen vor allem im Hügelland recht gut, wenngleich die Höchstgeschwindigkeit von 120 km/h auf langen Flachlandstrecken etwas zu gering war. Die Lokomotiven wurden nach Elektrifizierung ihrer Stammstrecken bis 1967 ausgemustert. Einzig erhalten blieb 19 017, die als nicht betriebsfähiges Ausstellungsstück im Bw Dresden-Altstadt erhalten wird.

BAUREIHE 19^0 (SÄCHS. XX HV)

Verwendungszweck	Schnellzuglok
Erstes Baujahr	1918
Bauart	1`D 1` h4v
Spurweite	1435 mm
Länge über Puffer	22.632 mm
Dienstgewicht	99,9 t
Treib- und Kuppelraddurchmesser	1905 mm
Achslast	17,2 t
Höchstgeschwindigkeit	120 km/h
Leistung	1800 PSi
gefertigte Stückzahl	23 Stück

23 019

Personenzuglokomotiven

Die 1952 von der Lokomotivfabrik Jung an die DB geliefert Personenzuglok 23 019 war anfangs dem Bw Mainz zugeteilt. Von 1958 bis 1967 gehörte sie zum Bestand des Bw Gießen, bevor sie zum Bw Crailsheim umbeheimatet wurde. In diesem Großraum beförderte sie bis zur Ausmusterung am 26. Juni 1975 Eil- und Personenzüge. Die äußerlich restaurierte, aber nicht betriebsfähige Lokomotive blieb erhalten und gehört zum Bestand des Deutschen Dampflokmuseums (DDM) in Neuenmarkt-Wirsberg. Hier sehen wir die Maschine am 20. Juli 1986 auf dem Freigelände.

Die mit einem Zwillingstriebwerk ausgestattete Personenzuglok der Baureihe 23 zählte zu den Loks des DB-Neubauprogramms. Basis für die Entwicklung war die alte Reihe 23 von 1941, mit der sie hinsichtlich Achsfolge und Triebwerksabmessungen übereinstimmt. Rahmen, Kessel und Tender waren jedoch moderne Schweißkonstruktionen. Einigen Ärger bereitete der Mehrfach-Heißdampfregler, der später überwiegend zugunsten eines Nassdampfreglers ausgetauscht wurde. Mit der Lok 23 105 entstand im Dezember 1959 nicht nur die letzte Maschine dieser Baureihe, sondern auch die letzte Dampflokomotive der DB überhaupt. Die Loks hatten ein markantes Aussehen und traten durch ein ebensolches Auspuffgeräusch hervor. Hier zieht die Lok 023 064 des Bw Saarbrücken im Frühjahr 1972 den P 2459 auf der Moselstrecke in Richtung Koblenz.

Baureihe 23 (Neubau DB)

Zu den heute noch betriebsfähigen Lokomotiven der Baureihe 23 zählt 23 042. Die Lok wurde Ende 1954 im Bw Mönchengladbach in Betrieb genommen und war dort im schweren Personen- und Eilzugdienst eingesetzt. Von 1965 bis 1971 war sie im Bw Bestwig beheimatet. Ihre DB-Laufbahn beendete die Lok im Oktober 1975 im Bw Crailsheim. Seither befindet sich die Maschine im Besitz der Deutschen Museumseisenbahn (DME) in Darmstadt-Kranichstein. Die bis heute betriebsfähig erhaltene Lok ist mit einer PZB90-Einrichtung ausgerüstet und kann daher freizügig auf der Infrastruktur des DB-Netzes eingesetzt werden.

Baureihe **23** (Neubau DB)

Von der DB-Baureihe 23 sind acht Maschinen erhalten geblieben. Davon sind vier betriebsfähig. Hoier wartet Lokomotive 23 014 des Bw Bestwig im Sommer 1967 vor einem Personenzug im gleichnamigen Bahnhof auf Ausfahrt in Richtung Hagen. Die 23 014, die seinerzeit einem Modellbahnhersteller als Vorbild diente, kam Anfang Oktober 1970 als 023 014 noch zum Bw Kaiserslautern und wurde am 18. September 1974 ausgemustert.

BAUREIHE 23 (NEUBAU DB)

Verwendungszweck	Personenzuglokomotive
Erstes Baujahr	1950
Bauart	1`C 1` h2
Spurweite	1435 mm
Länge über Puffer	21.325 mm
Dienstgewicht	82,8 t
Treib- und Kuppelraddurchmesser	1750 mm
Achslast	18,9 t
Höchstgeschwindigkeit	110 km/h
Leistung	1785 PSi
gefertigte Stückzahl	105 Stück

Nach der Deutschen Bundesbahn griff auch die Deutsche Reichsbahn der DDR den Bau einer Personenzuglokomotive auf. Ähnlich wie bei der DB stützte sie sich bei Trieb- und Laufwerk auf den Entwurf der alten Baureihe 23 von 1941. Ansonsten machte man sich die modernen Baugrundsätze zu nutze. Basis war ein geschweißter Blechrahmen, auf den der neue Kessel mit Verbrennungskammer und Mischvorwärmer kam. Von der Baureihe 2310 stellte die BR zwischen 1956 und 1959 insgesamt 113 Lokomotiven in Dienst, die sich auch im leichten bis mittelschweren Schnellzugdienst ohne Bedenken einsetzen ließen. Es waren sehr leistungsstarke Maschinen, die in der Ebene ein Zuggewicht von 365 t mit der zugelassenen Höchstgeschwindigkeit von 110 km/h befördern konnten. Die am 31. Januar 1977 im Bw Hoyerswerda ausgemusterte 23 1019 ist jetzt betriebsfähiges Eigentum des Lausitzer Dampflokclubs (LDC). Auf diesem Bild ist sie im Februar 2003 in Zittau zu sehen.

Die am 12. Oktober 1959 vom VEB Lokomotivbau Karl Marx (LKM) Babelsberg an die Deutsche Reichsbahn abgelieferte Neubau-Personenzuglok 23 1113 war gleichzeitig die letzte gefertigte Maschine dieser Baureihe. Sie war während ihres aktiven Einsatzes bei der DR fast ausschließlich in den Betriebswerken Nossen und Dresden-Altstadt stationiert. Nach der Umstellung auf das EDV-System wurde die Baureihe seit 1970 als 35 geführt, sodass ihre neue Betriebsnummer 35 1113-6 lautete. Seit der Ausmusterung Ende 1981 war sie bis zum Ablauf ihrer Kesselfrist im Jahr 1992 betriebsfähige Traditionslokomotive. Sie ist heute bei der IG Dampflok Nossen als äußerlich restauriertes Museumsexponat hinterstellt.

Baureihe 23^{10} (Neubau DR)

Die Baureihe 23^{10} sollte bei der DR als moderne Nachkriegskonstruktion die zahlreichen noch aus der Länder- und Reichsbahnzeit stammenden durchweg überalterten Personenzuglokomotiven ablösen. Durch den auch in der Reichsbahn der DDR einsetzenden Strukturwandel konnte diese Absicht aber nur noch teilweise verwirklicht werden mit dem Ergebnis, dass der Ausmusterungswelle sowohl die alten als auch die neuen Maschinen ohne große zeitliche Differenz zum Opfer fielen. Die neuen, wirtschaftlicheren Dieselloks machten ab 1976 den meisten der kaum 20 Jahre alten Maschinen den Garaus, obwohl sie keineswegs aufgebraucht waren. Die Baureihe 23^{10} wurde anfangs weniger im Personenzugdienst, sondern aufgrund ihres guten Beschleunigungs- und Leistungsvermögens sehr häufig im Schnell- und Eilzugdienst eingesetzt. Auf diesem Bild ist die ab 1970 unter der Betriebsnummer 35 1019-5 geführte ehemalige 23 1019 bei der Bekohlung zu sehen.

BAUREIHE 23^{10} (NEUBAU DR)

Verwendungszweck	Personenzuglokomotive
Erstes Baujahr	1956
Bauart	1` C 1` h2
Spurweite	1435 mm
Länge über Puffer	22.660 mm
Dienstgewicht	84 t
Treib- und Kuppelraddurchmesser	1750 mm
Achslast	17,8 t
Höchstgeschwindigkeit	110 km/h
Leistung	1700 PSi
gefertigte Stückzahl	113 Stück

Die Baureihe 24 wurde von der DRG ab 1928 für den Personenzugdienst auf längeren Nebenstrecken im Flachland beschafft. Die Lokomotive entstand als Parallelgattung zur Personenzugtenderlok der Reihe 64, sodass viele Baugruppen (z.B. Kessel) austauschbar waren. Bis 1940 entstanden insgesamt 95 Exemplare, die sich in ihrem Einsatzfeld gut bewährten. Es waren einfache und anspruchslose, mit Nassdampfreglern ausgerüstete und recht schnelle Fahrzeuge, die beim Personal beliebt waren. Da viele Lokomotiven in Ostpreußen stationiert wurden, waren die Kriegsverluste dieser Baureihe besonders hoch. Die Lok 24 009 verblieb bei der DR und war bis September 1972 im Bw Güsten beheimatet. Anschließend wurde sie durch den Verein Eisenbahn-Kurier e.V. erworben und stand bis März 2007 betriebsfähig für Sonderfahrten zur Verfügung. Seither wartet das rollfähige Fahrzeug auf die erneute Inbetriebnahme.

Nach Kriegsende befanden sich 48 Loks der Baureihe 24 in den Westzonen, von denen noch 42 von der DB übernommen wurden. Sie wurden bis Jahresmitte 1967 abgestellt. Zur Reichsbahn der DDR gelangten eigentümlicherweise nur fünf Maschinen, die bis 1968 ihren Dienst quittieren mussten. 34 Maschinen verblieben in Polen und wurden bis 1976 von der Polnischen Staatsbahn (PKP) eingesetzt. Zu diesen Loks gehörte auch die hier zusammen mit der 24 009 am 15. Februar 1981 vor einen Sonderzug gespannte, 1938 gebaute 24 083, die Mitte 1975 als Oi2-22 von westdeutschen Eisenbahnfreunden erworben wurde und zahlreiche Sonderfahrten absolvierte. Die Maschine gehört heute der Dampfzug-Betriebs-Gemeinschaft (DBG), die sich um die betriebsfähige Wiederherrichtung bemüht.

Baureihe 24 (Einheitslok)

Für zahllose Eisenbahnfreunde war es eine kleine Sensation, als die Personenzuglokomotive 24 009 vom Eisenbahnkurier gegen harte Devisen von der DR angekauft wurde. Seit dem 24. September 1972 befand sich die Maschine im Westen und wurde bei zahlreichen Sonderfahrten eingesetzt. Hier ist sie am 8. Oktober 1972 bei einem Fotohalt in der Nähe von Kotthausen bei Marienheide im Bergischen Land zu sehen. Nach dem Inkrafttreten des Dampflokfahrverbots auf DB-Strecken wurde die Lok vor allem auf der Westfälischen Landes-Eisenbahn (WLE) und der Teutoburger-Wald-Eisenbahn (TWE) eingesetzt.

BAUREIHE 24 (EINHEITSLOK)

Verwendungszweck	Personenzuglokomotive
Erstes Baujahr	1928
Bauart	1`C h2
Spurweite	1435 mm
Länge über Puffer	16.995 mm
Dienstgewicht	57,4 t
Treib- und Kuppelraddurchmesser	1500 mm
Achslast	15,1 t
Höchstgeschwindigkeit	90 km/h
Leistung	920 PSi
gefertigte Stückzahl	95 Stück

1910 stellte die Sächsische Staatsbahn die ersten dreifach gekuppelten Personenzugloks der Gattung XII H2 in Dienst. Die später als Sächsischer Rollwagen bekannt gewordenen, von der Sächsischen Maschinenfabrik Chemnitz gelieferten Maschinen waren hinsichtlich ihres Treibraddurchmessers von nur 1590 mm speziell auf die hügelige Topografie dieser Region abgestimmt. Es waren leistungsfähige Loks mit guten Laufeigenschaften und Höchstgeschwindigkeit von 90 km/h, die wegen der Kriegsabgaben bis 1927 gebaut wurden. Nach 1918 existierten von 169 gebauten Loks noch 124, die von der DRG als Baureihe 38^{2-3} übernommen wurden. Nach Kriegsende blieben 54 Loks auf dem Gebiet der späteren CSSR. Die letzten DR-Loks wurden 1971 ausgemustert. Hier die einzig erhaltene, 38 205, am 14. April 1990 auf einer Gefällestrecke bei Aue.

BAUREIHE 38^{2-3} (SÄCHS. XII H2)

Verwendungszweck	Personenzuglokomotive
Erstes Baujahr	1910
Bauart	2` C h2
Spurweite	1435 mm
Länge über Puffer	18.971 mm
Dienstgewicht	73,3 t
Treib- und Kuppelraddurchmesser	1590 mm
Achslast	15,7 t
Höchstgeschwindigkeit	90 km/h
Leistung	1320 PSi
gefertigte Stückzahl	169 Stück

Die 1910 gebaute Lokomotive 38 205 blieb Zeit ihres Einsatzlebens in Bahnbetriebswerken der sächsischen Region beheimatet. Vom 21. Juni 1962 bis zur Ausmusterung am 2. November 1977 war das Bw Nossen ihre Heimatdienststelle. Aber schon seit Mitte der 1960er Jahre gab es für die Loks dieser Baureihe immer weniger Verwendungsmöglichkeiten. Am 1. Juni 1968 absolvierte die Maschine ihren letzten regulären Zugdienst. Bis zu diesem Zeitpunkt hatte sie mehr als 2,2 Millionen Kilometer zurückgelegt. Am 15. September 1971 wurde sie in den Status der Museumslokomotive erhoben. Sie gehörte damit zu jenen Dampfloks, die von der DDR-Reichsbahn als technische Denkmale erhalten bleiben sollten. Im Frühjahr 1979 wurde sie schließlich im Raw Meiningen betriebsfähig aufgearbeitet und war bis zum Ablauf der Fahrwerksfrist im Jahr 1998 mit zahlreichen Sonderzügen unterwegs. Hier sehen wir die alte Sächsin am 14. April 1990 vor der Abfahrt im Bahnhof Aue.

Nach der betriebsfähigen Aufarbeitung wurde die Lok 38 205 im Bahnbetriebswerk Karl-Marx-Stadt-Hilbersdorf stationiert. Nach Ablauf der Fahrwerksfrist am 4. April 1998 musste die mittlerweile 88 Jahre alte und überholungsbedürftige Lokomotive aus Kostengründen außer Dienst gestellt werden. Seither ist sie im Sächsischen Eisenbahnmuseum in Chemnitz-Hilbersdorf untergestellt. Als diese Aufnahme am 7. Juni 1980 im Bw Glauchau entstand, lag der Tag allerdings noch in weiter Ferne.

Die bereits 1910 von der Berliner Maschinenbau AG für die Preußische Staatsbahn gebaute spätere 38 1182 verblieb nach Kriegsende bei der Reichsbahn der DDR. Sie wurde zwar am 1. Juli 1969 im Bw Güsten ausgemustert, war allerdings als Traditionslokomotive ausgewählt und wurde nach einer Hauptuntersuchung im Mai 1981 ab Sommer 1982 dem Bw Gera, später dem Bw Arnstadt zugeteilt. Sie war bis 1999 im Sonderzugdienst im Einsatz und hat seither als aufgearbeitete, aber nicht betriebsfähige Museumslokomotive im Eisenbahnmuseum Arnstadt eine neue Bleibe gefunden.

BAUREIHE 38^{10-40} (PREUSSISCHE P 8)

Verwendungszweck	Personenzuglokomotive
Erstes Baujahr	1906
Bauart	2`C h2
Spurweite	1435 mm
Länge über Puffer	18.600 mm
Dienstgewicht	78,2 t
Treib- und Kuppelraddurchmesser	1750 mm
Achslast	17,7 t
Höchstgeschwindigkeit	100 km/h
Leistung	1180 PSi
gefertigte Stückzahl	ca. 4000 Stück

1918 ist das Entstehungsjahr der in der Lokomotivfabrik Henschel in Kassel gefertigten Personenzuglokomotive 38 2267. Nach 1945 blieb die Maschine im Besitz der DR und wurde Ende 1971 im Bw Saalfeld abgestellt. Bis 1991 fristete sie ihr Dasein als Denkmallok, bevor Mitglieder der Deutschen Gesellschaft für Eisenbahngeschichte (DGEG) auf sie aufmerksam wurden. Nach dem Erwerb wurde sie bis 1992 im DLW Meiningen hauptuntersucht und wieder betriebsfähig hergerichtet. Abgesehen von einigen Unterbrechungen war die im Museums-Bw Bochum-Dahlhausen stationierte Maschine bis heute ständig im Einsatz. Sie ist mit Zugbahnfunk und der Zugbeeinflussung Indusi ausgerüstet und darf daher alle Strecken der DB AG befahren. Hier sehen wir die Lok am 22. September 2001 vor einem Sonderzug aus Krefeld bei der Einfahrt in den Duisburger Hbf.

Die Lokomotive 38 2267 war Zeit ihres Lebens fast ausschließlich in den Bahnbetriebswerken Erfurt und Vacha stationiert. Die Verschrottung blieb der Maschine erspart, denn sie wurde als Denkmallok in Wiednitz in der Oberlausitz aufgestellt. 1991 kaufte die DGEG die Maschine und ließ sie im DLW Meiningen auf Herz und Nieren untersuchen und betriebsfähig restaurieren. Im Frühjahr 1992 waren die Arbeiten abgeschlossen. Vor der Überführung an den neuen Standort in Bochum-Dahlhausen absolvierte sie verschiedene Probefahrten, wobei sie auch vor Planzügen eingesetzt wurde. Auf diesem Bild ist sie vor dem P 9017 im Bahnhof Marksuhl zu sehen.

Die von ihrer seit 1968 geführten EDV-Nummer 038 382 wieder auf ihre ursprüngliche Reichsbahn-Betriebsnummer 28 2383 umgezeichnete P 8 ging im Frühjahr 1972 auf eine mehrwöchige große Abschiedstournee durch Norddeutschland. Dabei fuhr sie mit zahlreichen, stets gut frequentierten Sonderzügen durch die Lande. Die 1918 bei Henschel entstandene Lokomotive gehörte damals zum Bestand des Bw Tübingen und wurde erst am 9. Juni 1974 im Bw Rottweil ausgemustert. Heute gehört die restaurierte, aber nicht betriebsfähige Lokomotive zum Bestand des Deutschen Dampflokmuseums (DDM) in Neuenmarkt-Wirsberg.

Auch bei der DR waren die dort verbliebenen rund 730 P 8 auf Jahre hinaus unverzichtbar und über nahezu alle Bahnbetriebswerke des mitteldeutschen Raums verteilt. Als Hinterlassenschaft des Krieges befand sich ein großer Teil der Maschinen in sehr schlechtem Unterhaltungszustand, was selbstverständlich nicht nur für diese Baureihe galt. Es dauerte lange, bis die Lokomotiven wieder in guten Betriebszustand versetzt waren. Erst mit der serienmäßigen Auslieferung der Diesellokreihe V 100 begann ihr Stern ab 1967 zu sinken. Bis auf wenige Ausnahmen waren bereits 1972 bei der DR keine P 8 mehr zu finden. Die 38 1182 war am 19. März 1986 im Rahmen einer der so genannten „Informationsfahrten", die zum Zwecke der zusätzlichen Devisenbeschaffung von West-Berlin aus für Eisenbahnfreunde initiiert wurden, unterwegs.

Hier sehen wir die Lok 38 1182 am 18. März 1986 im Bahnhof Berlin-Zoologischer Garten (Bahnhof Zoo), wo sie bald mit einem Sonderzug für Eisenbahnfreunde auf Fahrt gehen wird. Die 1981 hauptuntersuchte Lokomotive war seit dem 1. September 1982 dem Bw Gera als Traditionslok für Sonderfahrten zugeteilt.

Die 1921 von Linke-Hofmann in Breslau gebaute 38 3199 verschlug es im Krieg nach Rumänien. Dort wurde sie von der staatlichen rumänischen Eisenbahngesellschaft CFR unter 230.106 eingereiht und im Juni 1974 ausgemustert. Die Lok wurde im April 1998 von privater Seite in Rumänien erworben. Vor der Überführung nach Deutschland auf eigener Achse war eine betriebsfähige Aufarbeitung im ehemaligen Ausbesserungswerk Cluj erforderlich. Die war im August 1999 abgeschlossen, und die Lok präsentierte sich in Olivgrün-Rotbraun-Schwarz. Seither wird sie vom Süddeutschen Eisenbahnmuseum Heilbronn vor Sonderzügen eingesetzt.

Nachdem die durch Dr. Adolf Giesl-Gieslingen in den frühen 50er Jahren entwickelte neuartige Saugzuganlage bereits 1958 durch die VES-M Halle mit einem überraschend guten Ergebnis getestet worden war, wurde dieses Thema, da für die Lizenznahme Devisen erforderlich waren, für einige Jahre zurückgestellt. Im März 1965 wurde jedoch ein Vertrag mit dem österreichischen Lizenzgeber geschlossen, der den Bau von bis zu 600 Giesl-Ejektoren für die Deutsche Reichsbahn vorsah. Dieses Bild zeigt die derart bestückte 38 3782 im April 1967 im Bahnhof Arnstadt. Zwei Jahre später wurde sie im Bw Gotha ausgemustert.

Die Lokgattung P 10 stellt den Abschluss der Entwicklung von Personenzuglokomotiven in Preußen dar und gilt zugleich als Übergang zu den Einheitslokomotiven der Deutschen Reichsbahn-Gesellschaft. In den Jahren 1922 bis 1924 wurden insgesamt 260 Exemplare dieser Baureihe in verschiedenen Lokomotivfabriken gebaut und als P 10 im preußischen Nummernschema in Dienst gestellt. Die spätere Baureihe 39 war die einzige vierfach gekuppelte Personenzuglokomotive der deutschen Länderbahnen. Trotz ihres recht hohen Kohleverbrauchs bewährten sich die Maschinen besonders auf Hügellandstrecken recht gut und waren beim Personal beliebt. Im Sommer 1967 wurden die letzten drei Exemplare der DB ausgemustert. Die 1966 abgestellte Lok 39 230 wurde 1984 optisch aufgearbeitet und steht jetzt im Deutschen Dampflokmuseum (DDM) in Neuenmarkt-Wirsberg.

BAUREIHE 39 (PREUSSISCHE P 10)

Verwendungszweck	Personenzuglokomotive
Erstes Baujahr	1922
Bauart	1`D 1` h3
Spurweite	1435 mm
Länge über Puffer	22.980 mm
Dienstgewicht	110,4 t
Treib- und Kuppelraddurchmesser	1750 mm
Achslast	19,4 t
Höchstgeschwindigkeit	110 km/h
Leistung	1620 PSi
gefertigte Stückzahl	260 Stück

Güterzuglokomotiven

Das Ruhrgebiet mit seinen Bahnbetriebswerken wurde bei der DB zum letzten Einsatzraum rostgefeuerter Dampflokomotiven. Wegen der Konzentration zahlreicher 44er Güterzuglokomotiven in diesem Raum nahm das Bw Gelsenkirchen-Bismarck eine Sonderstellung ein. Erst zum Ende des Winterfahrplans 1974/75 endete der Plandienst für diese Baureihe. Damit trat – trotz der weiterhin zahlreichen Programmzüge und Sonderleistungen – ein starker Überhang an Dampflokomotiven ein, was zu vermehrten Ausmusterungen führte. Die 1941 in der Wiener Lokomotivfabrik AG Floridsdorf gebaute 044 684 präsentiert sich hier im Herbst 1975 unter besten Beleuchtungsverhältnissen vor dem Lokschuppen ihres Heimat-Bw. Eine lange Lebensdauer war ihr nicht mehr beschieden, denn bereits am 23. Juni 1976 wurde sie ausgemustert.

044 684-9

Für die Beförderung von Eilgüterzügen stellte die DRG zwischen 1936 und 1941 insgesamt 366 Schlepptenderlokomotiven der Baureihe 41 in Dienst. Diese schnellfahrende, gut gelungene Zweizylinder-Güterzuglok entpuppte sich bald als Universal-Lokomotive für mittelschwere Züge. Sie besaß aufgrund ihres kleinen Treibraddurchmessers gute Beschleunigungswerte und eignete sich besonders im Hügelland auch für den Personen- und Schnellzugdienst. Die Achslast betrug wahlweise 18 oder 20 t. Bei der DB blieben 216 Lokomotiven, während der DR 124 Maschinen zur Verfügung standen. Die meisten erhielten zwischen 1959 und 1961 neue Kessel, da sich der bisherige Kesselwerkstoff ST 47 k als nicht alterungsbeständig erwies. Die ebenfalls mit einem Neubaukessel ausgerüstete 41 1231 schied erst im Mai 1988 als letzte 41er im Plandienst der DR aus und wurde 1994 an das Eisenbahn-Traditionsbahnbetriebswerk Staßfurt e.V. (ETB) verkauft. Die Lokomotive war bis 2006 betriebsfähig und dient seither als rollfähiges Museumsexponat.

Die 1939 in der Lokomotivfabrik Borsig Berlin gebaute 41 1231 wurde, bevor sie in den Besitz der Eisenbahnfreunde Staßfurt überging, von 1986 bis 1994 von der Einsatzstelle Staßfurt des Bw Güsten eingesetzt. 1988 wurde sie mit dem Rekokessel der 41 055 einsatzfähig gehalten. Die von den drastisch gestiegenen Ölpreisen besonders betroffene DDR gewährte auch dieser rostgefeuerten Maschine eine Galgenfrist. So wurde die Lok ziemlich häufig nicht nur vor Sonderzügen, sondern auch im Planverkehr eingesetzt. Hier ist die bestens instandgehaltene Lokomotive am 10. Mai 1989 vor einer Doppelstockgarnitur im Bahnhof Haldensleben zu sehen.

Die 1939 bei Orenstein & Koppel in Berlin gebaute Lokomotive 41 1185 wurde am 4. Dezember 1990 im Bw Güsten ausgemustert. Bis Ende 1991 war sie im Bw Staßfurt abgestellt und wurde dann als betriebsfähige Traditionslok für Sonderfahrten und Plandienstveranstaltungen genutzt. Das Bild zeigt die Lokomotive vor einem Güterzug auf der Saalbahn auf dem Weg nach Camburg in der weitläufigen Kurve bei Döbritschen. Auf dieser Relation konnte man die Baureihe noch bis 1986 im Plandienst erleben. Infolge Fristablaufs im Februar 2002 musste die Lokomotive abgestellt werden. Sie wird heute von der Traditionsgemeinschaft Bw Halle P e.V. betreut.

Für die Einsatzstelle Staßfurt des Bw Güsten bildete die Deutsche Reichsbahn 1991 letztmalig Dampflokführer aus. Die praktische Ausbildung fand dann im Plandienst auf den verschiedenen in Staßfurt stationierten Dampflokbaureihen statt. Als Zugleistung wurde der Personenzug-Umlauf von Magdeburg nach Güsten P 6246/P 6247 ausgewählt. So gab es im Frühjahr 1991 für mehrere Wochen echten Planeinsatz von Dampfloks im Reisezugdienst zu erleben. Hier sehen wir die Lokomotive vor dem P 6247 bei der Ausfahrt aus dem Bahnhof Staßfurt.

Mit donnerndem Auspuff und Höchstgeschwindigkeit jagt die Mehrzwecklokomotive 41 1185 während einer Plandampfveranstaltung mit dem aus einer Garnitur Reichsbahn-Doppelstockwagen bestehenden P 7607 mit Volldampf durch die noch unberührte, dem Stand der 1950er Jahre entsprechenden Infrastruktur der Gleis- und Signalanlagen des Bahnhofs Genthin. Heute rauschen ICE-Züge durch die völlig veränderte, keineswegs schöner gewordene Eisenbahnlandschaft. Auch das links sichtbare Stellwerk fiel dem Kahlschlag des Streckenumbaus zum Opfer.

Anlässlich einer Plandampfveranstaltung Anfang der 1990er Jahre muss die in Staßfurt stationierte 41 1231 mit einem Güterzug im Bahnhof Orlamünde an der Saalbahn eine Überholung abwarten, bevor sie wieder auf die Strecke gehen kann. Um noch länger im Einsatzzustand bleiben zu können, erhielt die 1959 mit einem Neubaukessel mit Verbrennungskammer und Mischvorwärmer ausgerüstete Lokomotive 1988 einen baugleichen Ersatzkessel.

BAUREIHE 41 (UMBAU DR)

Verwendungszweck	Güterzuglokomotive
Erstes Baujahr	1936
Bauart	1`D 1` h2
Spurweite	1435 mm
Länge über Puffer	23.905 mm
Dienstgewicht	101,5 t
Treib- und Kuppelraddurchmesser	1600 mm
Achslast	18,2 – 19,7 t
Höchstgeschwindigkeit	90 km/h
Leistung	1950 PSi
gefertigte Stückzahl	99 Stück

Von den 216 nach Kriegsende bei der DB verbliebenen Maschinen der Baureihe 41 erhielten zwischen 1958 und 1961 insgesamt 102 einen geschweißten Ersatzkessel mit Verbrennungskammer. Der Dampferzeuger war nicht nur haltbarer als der aus dem nicht alterungsbeständigen Stahl gefertigte Einheitskessel der Bauart Wagner, er konnte auch eine wesentlich größere Menge Dampf liefern. 40 dieser Maschinen wurden später von Henschel auf Ölhauptfeuerung umgebaut, wodurch sich die Loks als noch wirtschaftlicher und stärker erwiesen. Neben der körperlichen Entlastung des Heizers konnten Dampferzeugung und Energieverbrauch viel leichter an den während der Fahrt stark schwankenden Bedarf angepasst werden. Die ab 1968 als 042 bezeichneten Lokomotiven hatten anfangs auf der Rollbahn von Bremen ins Ruhrgebiet ihren Haupteinsatzbereich. Zum Schluss wurden sie im Bw Rheine zusammengezogen. Mit einer Garnitur leerer Erztransportwaggons ist die 042 083 am 7. August 1974 in der Nähe von Aschendorf in Richtung Emden unterwegs.

BAUREIHE 41 ÖL (UMBAU DB)

Verwendungszweck	Güterzuglokomotive
Erstes Baujahr	1936 (Umbau ab 1958)
Bauart	1`D 1` h2
Spurweite	1435 mm
Länge über Puffer	23.905 mm
Dienstgewicht	101,3 t
Treib- und Kuppelraddurchmesser	1600 mm
Achslast	20,2 t
Höchstgeschwindigkeit	90 km/h
Leistung	1975 PSi
gefertigte Stückzahl	40 Stück

Durch den verschleißbedingten Ausfall vieler 012-Schnellzugloks trat im Sommerfahrplan 1974 auf der Emslandstrecke bei der Bespannung der Reisezüge häufig Lokmangel ein. Dieser ließ sich nur mithilfe der noch zahlreich vorhandenen 042er mildern. So waren die eigentlich nur für 90 km/h zugelassenen Maschinen auch vor Schnellzügen anzutreffen. Knallhartes Beschleunigen, 100 km/h Dauergeschwindigkeit und in der Spitze bis zu 110 waren nötig, um den Fahrplan bei durchlaufenden Zügen auf der schnurgeraden Strecke einigermaßen halten zu können. Am 6. Juni 1974 war 042 052 mit einem Saisonschnellzug bemüht, auf der Steigung in der Nähe von Lathen im Plan zu bleiben.

Die 1938 von Friedrich Krupp in Essen gebaute Güterzuglok 41 106 erhielt am 23. Februar 1961 in den Kasseler Henschel-Werken einen neuen Hochleistungskessel. Außerdem wurde die Lok auf Ölhauptfeuerung umgestellt. 1971 gehörte die jetzt als 042 106 bezeichnete Maschine zu jenen 35 Lokomotiven, die im Bw Rheine zusammengezogen wurden. Bis 1977 beförderten die im Unterhaltungsbestand befindlichen Loks hauptsächlich Güterzüge auf der Emslandstrecke oder sie bedienten den Schnellgüterverkehr zwischen Oldenzaal/Niederlande und Osnabrück. Häufig wurden sie auch zu Vorspannleistungen vor den 4000-t-Erzzügen herangezogen und liefen ersatzweise auch im Reisezugverkehr. Lok 042 106, die hier am 6. August 1975 im Bahnhof Rheine zu sehen ist, wurde am 22. Dezember 1976 ausgemustert.

In zügiger Fahrt dampft am 17. Juni 1972 die Lokomotive 042 018 vor ihrem Güterzug in der Nähe der Blockstelle Bentlage in Richtung Rheine. Die am 30. September 1976 im Bw Rheine ausgemusterte Maschine ist bis heute betriebsfähig. Sie war zeitweise in Österreich als Leihlok im Einsatz und im Sonderzugdienst stark frequentiert. Die Lok ist Eigentum der Dampflok-Gesellschaft München (DGM) und derzeit im Bahnpark Augsburg zu sehen.

Die Güterzuglokomotive 41 308 entstand 1939 in der Lokomotivfabrik Arnold Jung in Kirchen/Sieg. Die bereits 1957 auf einen Neubaukessel umgerüstete Maschine erhielt Anfang des folgenden Jahres Ölhauptfeuerung und gehörte als 042 308 zu jenen Maschinen, die ihre letzten Einsatzjahre im Bw Rheine verbrachten. Hier sehen wir die auf ihre Ursprungsnummer 41 308 umgezeichnete Lokomotive auf einer über die Ruhr-Sieg-Strecke geführten Sonderfahrt. Ihre Ausmusterung erfolgte am 25. Mai 1977.

Am 2. Juni 1974 wurde die Lokomotive 042 052 ersatzweise für eine ausgefallene Schnellzuglok der Reihe 012 im Reisezugdienst vor dem E 3260 eingesetzt. Nach Halt im Bahnhof Lathen befindet sich die Maschine auf der Fahrt in Richtung Rheine auf dem in einer leichten Steigung liegenden Streckenabschnitt nach Haren/Ems. Die am 27. Oktober 1977 ausgemusterte Lokomotive ist erhalten geblieben. Zunächst als Denkmallok aufgestellt, erfuhr sie ab 1987 bei den Osnabrücker Dampflokfreunden e.V. eine komplette, rollfähige Aufarbeitung.

Hart zu kämpfen hat am 6. Juli 1974 die Lokomotive 042 073 mit dem schweren Nahgüterzug Ng 65662, den die Maschine mit scharf knallenden Auspuffschlägen auf der langen Steigung südlich des Bahnhofs Lathen langsam in Fahrt bringen muss. Da in Lathen noch zusätzliche Güterwagen eingestellt worden waren, hatte die Lok etwa 1500 Tonnen Zuggewicht am Haken. Auch diese Anfang 1977 ausgemusterte Lokomotive blieb erhalten. Die restaurierte, aber nicht betriebsfähige Lok gehört der Historischen Eisenbahn Baden.

Eine nicht identifizierte Lok der ölgefeuerten Baureihe 042 ist an einem Augusttag des Jahres 1974 mit der aus Umbau-Vierachsern gebildeten Leerwagengarnitur nebst zwei gedeckten Güterwagen des Ne 62116 auf der Emslandstrecke zwischen den Bahnhöfen Neermoor und Leer in Richtung Rheine unterwegs.

Baureihe 43 (Einheitslok)

Zu Vergleichszwecken zur Dreizylinder-Baureihe 44 ließ die DRG die Reihe 43 mit Zwillingstriebwerk bauen. Dank der besseren Laufruhe im oberen Geschwindigkeitsbereich und der Wirtschaftlichkeit wurde schließlich der Baureihe 44 der Vorzug gegeben. Es entstanden 35 Maschinen, die nach Kriegsende sämtlich bei der DDR-Reichsbahn blieben. Berühmt geworden ist eine Fahrt der Lok 43 031, die am 24. Januar 1949 im Rahmen der Schwerlastbewegung eine mit 295 Achsen kaum vorstellbare Anhängelast von 4501 t von Lübbenau nach Berlin-Schöneweide beförderte. Damit sollten Kohleverbrauch und Zahl der Lokeinsätze reduziert werden. Die letzten Lokomotiven schieden zwischen 1966 und 1968 aus. Die Lokomotive 43 001 wurde zur erhaltenswerten Traditionslok erklärt und gehört heute als nicht betriebsfähiges Exponat dem Verkehrsmuseum Dresden.

BAUREIHE 43 (EINHEITSLOK)

Verwendungszweck	Güterzuglokomotive
Erstes Baujahr	2 - 1927
Bauart	1`E h2
Spurweite	1435 mm
Länge über Puffer	22.620 mm
Dienstgewicht	110,8 t
Treib- und Kuppelraddurchmesser	1400 mm
Achslast	19,3 t
Höchstgeschwindigkeit	70 km/h
Leistung	1880 PSi
gefertigte Stückzahl	35 Stück

Eine schwere, fünffach gekuppelte Güterzuglokomotive mit 20 t Achslast war bereits im ersten Typisierungsplan der DRG enthalten. Ungeklärt war allerdings die Frage, ob diese Maschine mit Zwillings- oder Drillingstriebwerk (Baureihen 43 und 44) ausgeführt werden sollte. Zu Vergleichszwecken wurden von jeder Variante zunächst zehn Maschinen beschafft. Die Höchstgeschwindigkeit beider Ausführungen war anfangs auf 70 km/h begrenzt. Versuchsfahrten ergaben bei der Zwillingsbaureihe 43 einen minimal geringeren Dampfverbrauch, sodass der Bau der Dreizylinderlok zunächst nicht weiterverfolgt wurde. Als ab Mitte der 1930er Jahre auch von den Güterzügen höhere Fahrgeschwindigkeiten gefordert wurden, stellte man fest, dass die Dreizylinderlok der Reihe 44 diesen Vorgaben besser entsprach.
Ab 1937 wurde der Serienbau dieser Maschinen in großer Stückzahl fortgeführt. Vor allem im schweren Güterzugdienst auf Mittelgebirgsstrecken fanden diese Loks ihr Einsatzgebiet. Während des Krieges stieg die gebaute Stückzahl von Jahr zu Jahr an. Insgesamt waren an der Fertigung 14 deutsche und ausländische Lokomotivfabriken beteiligt. Bei der DB waren die leistungsstarken Lokomotiven bis Mitte der 1970er Jahre unverzichtbar. Am 18. Mai 1976 tritt die 044 209 mit dem Dg 53845 auf der Fahrt von Ottbergen nach Herzberg aus dem Wahnbecker Tunnel hervor.

BAUREIHE 44 (EINHEITSLOK)

Verwendungszweck	Güterzuglokomotive
Erstes Baujahr	1926
Bauart	1`E h3
Spurweite	1435 mm
Länge über Puffer	22.620 mm
Dienstgewicht	110,2 t
Treib- und Kuppelraddurchmesser	1400 mm
Achslast	19,3 t
Höchstgeschwindigkeit	80 km/h
Leistung	1910 PSi
gefertigte Stückzahl	1989 Stück

Nach Kriegsende verblieben 1242 Loks der Baureihe 44 bei der DB, während bei der Reichbahn der DDR nur 335 Stück vorhanden waren. Zahlreiche Maschinen blieben bei anderen Bahnverwaltungen. 74 Loks wurden nach dem Krieg für verschollen erklärt. Noch Anfang der 1970er Jahre waren die starken Lokomotiven auf den nicht elektrifizierten Rampenstrecken im Mittelgebirgsraum unentbehrlich, weil es damals keine adäquaten Dieselloks gab. Zu den besonders stark frequentierten Linien zählte bis zur Aufnahme des elektrischen Fahrbetriebs im Dezember 1973 die Moselstrecke zwischen Koblenz und Ehrang. Auf dieser dicht befahrenen Strecke wurde hauptsächlich der Montangüterverkehr mit Erz und Kohle abgewickelt. Schwer zu arbeiten hat die 044 599, die im Februar 1972 einen Güterzug bei Pünderich auf die beginnende lange Rampenstrecke in Richtung Ehrang befördert.

Auf der östlich von Nürnberg befindlichen langen Rampenstrecke von Neukirchen bei Sulzbach-Rosenberg nach Etzelwang konnte man noch bis Mitte der 1970er Jahre stets gut ausgelastete Dampfgüterzüge beobachten. Am 22. September 1974 beförderte die 044 118 den Ganzzug Gag 57513 in Richtung des heute schon lange stillgelegten und seither nur noch als Industriedenkmal fungierenden Stahlwerks Maxhütte in Sulzbach-Rosenberg. Die1938 bei Friedrich Krupp in Essen gebaute Lokomotive wurde am 25. Juli 1975 im Bw Weiden ausgemustert.

Die dreizylindrigen Güterzugloks der Baureihe 44 des Bw Ottbergen bewältigten bis Ende Mai 1976 den hauptsächlichen Güterverkehr auf den nicht elektrifizierten Strecken des Raumes Südhannover. Das Bw Lehrte war eine sehr wichtige Einsatzstelle für die Baureihe und diente außer für die dort recht zahlreich beheimateten Loks der Baureihe 50 auch für die Ottbergener 44er als Personaleinsatz-Bw. Am 10. September 1974 zog die Lok 044 210 diesen sehenswerten Behälterzug von Lehrte in Richtung Salzgitter auf dem Abschnitt bei Hämelerwald. Nach Ausmusterung am 11. Juni 1976 musste die Lok Abschied von der Schiene nehmen.

Die im Bw Emden beheimatete Dreizylinderlok 044 528 zieht am 23. März 1972 den Nahgüterzug nach Emden auf dem Streckenabschnitt zwischen der Blockstelle Deves und dem Bahnhof Salzbergen. Die seit 1968 umgezeichnete Lokomotive wurde 1943 unter der Betriebsnummer 44 1528 von den Borsig-Lokomotivwerken Berlin an die DRG geliefert und im August 1973 ausgemustert.

Nach dem Überholen durch einen Reisezug im Bahnhof Hämelerwald an der Strecke Braunschweig-Lehrte setzt die Ottbergener Dreizylinder-Güterzuglokomotive 044 390 am frühen Morgen des 7. September 1974 ihren schweren Ganzzug Gag 47499 wieder in Bewegung. Die Maschine muss sich kräftig ins Zeug legen und schleudert bei der Anfahrt mehrfach auf den noch vom Morgentau feuchten Gleisen. Die Henschel-Werke in Kassel bauten 1941 diese Lok für die DRG, die am 15. März 1976 Abschied von der Schiene nehmen musste.

Reizvolle Stimmungsaufnahmen auf Bahnhöfen und Betriebswerken ließen sich bei Dunkelheit mithilfe eines Stativs einfangen. Ganz anders als bei Tage wirken die nur spärlich beleuchteten Lokomotiven manchmal fast gespenstisch auf den Betrachter. Anlässlich einer Plandampfveranstaltung steht die Dreizylinderlok 44 0093 am Abend des 7. Februar 1993 mit ihrem Güterzug abfahrbereit im Rangierbahnhof Vacha. Die 1942 gefertigte Lok blieb nach Kriegsende bei der DR und erhielt 1965 Ölhauptfeuerung. Sie war überwiegend auf stark belasteten Güterzugstrecken bei den Bw Nordhausen und Sangerhausen stationiert. Im Zuge der massiven Sparmaßnahmen erfolgte 1981 der Rückbau auf Kohlefeuerung. 1991 wurde die Lok erneut auf Ölfeuerung umgerüstet und war bis zum 7. Mai 2000 betriebsbereit. Obwohl das einmal angedacht war, wurde sie nicht mehr in den Betriebszustand versetzt, sondern befindet sich als restauriertes Exponat im Bahnbetriebswerk Arnstadt.

Die ölgefeuerte Lokomotive 44 0235 – die frühere 44 1235 des Bw Eberswalde – ist am 9. April 1978 mit einem Kesselwagen-Ganzzug aus dem petrochemischen Kombinat Schwedt/Oder auf der Fahrt nach Berlin in der Nähe von Buch unterwegs. Als die Sowjetunion im Zuge der Zweiten Ölkrise 1981 die Rohölpreise nochmals deutlich erhöhte und vor allem die Liefermengen kürzte (mittlerweile hatte man dort mitbekommen, dass die DDR Erdölprodukte zur Aufbesserung der Devisenbilanz in den Westen verkaufte), hatte das auch Auswirkungen auf den Betrieb der ölgefeuerten Lokomotiven der DR. Infolge der Sparmaßnahmen mussten alle abgestellt werden, wovon auch die Baureihe 44 betroffen war. Lokomotive 44 0235 gehörte zu jenen Maschinen, die auf Rostfeuerung rückgebaut wurden. Sie wurde ab Ende 1982 noch jahrelang als stationäre Heizanlage im Bw Berlin-Pankow verwendet.

Die DDR war von den 1981 eingetretenen Ölpreiserhöhungen und gleichzeitigen Kontingentkürzungen durch die Sowjetunion hart betroffen. Bereits Anfang Januar 1982 mussten alle ölgefeuerten Loks der Baureihe 44 abgestellt werden, denn es galt die Devise: Öl sparen um jeden Preis! Manche Ölloks wurden zwar auf Kohlefeuerung rückgebaut, was mit einem überschaubaren Aufwand möglich war. Sie kamen aber nur noch selten in den Zugdienst, sondern wurden überwiegend als selbstfahrende und stationäre Heizanlagen weiterverwendet. Als die 1982 wieder auf Rostfeuerung umgebaute Lokomotive 44 0256 am 7. März 1978 mit einem Leerwagenzug den Berliner Außenring befuhr, war davon noch nichts zu ahnen. Die 1943 bei Borsig gebaute ehemalige 44 1256 wurde schließlich am 17. Mai 1989 abgestellt.

Die hier am 18. Mai 1991 im Bw Staßfurt gezeigte Dreizylinder-Lokomotive 44 1486 gehört zu jenen Maschinen der Baureihe, die mit Unterbrechung bis heute betriebsfähig erhalten geblieben sind. Die Lok hat französische Wurzeln, denn sie wurde 1943 im Auftrag der DRG von der Firma Schneider & Cie in Le Creusot auf die Räder gestellt. Nach Kriegsende blieb sie bei der DR und wurde am 29. Dezember 1993 beim Bw Güsten ausgemustert. Charakteristisch für das Aussehen der Reichsbahn-44er waren die im Gegensatz zu den DB-Lokomotiven etwas höher angebrachten Windleitbleche, die vorn seitlich an der Rauchkammer befindlichen Pumpen sowie die noch aus der Reichsbahnzeit üblichen schräg herabgezogenen Frontbleche, kurz Schürzen genannt.

BAUREIHE 44 (UMBAU DR)

Verwendungszweck	Güterzuglokomotive
Erstes Baujahr	1926 (Umbau ab 1961)
Bauart	1`E h3
Spurweite	1435 mm
Länge über Puffer	22.620 mm
Dienstgewicht	109,8 t
Treib- und Kuppelraddurchmesser	1400 mm
Achslast	19,3 t
Höchstgeschwindigkeit	80 km/h
Leistung	2100 PSi (m. Ölhauptfeuerung)
gefertigte Stückzahl	94 Stück

Baureihe 44 Öl (Umbau DB)

Im Bestreben, Kesselleistung und wirtschaftliche Brennstoffausnutzung zu erhöhen sowie die Belastung des Heizers bei der Feuerbeschickung zu minimieren, rüsteten sowohl DR als auch DB hoch belastete Dampflokomotiven mit Ölhauptfeuerung aus. Zwischen 1958 und 1960 ließ die DB 32 Loks dieser Baureihe umbauen. Bevor das für die Unterhaltung der letzten DB-Dampflokomotiven zuständige Aw Braunschweig geschlossen wurde, baute man 1974 nochmals vier weitere Lokomotiven auf Ölfeuerung um. Die leistungsstarken Maschinen wurden zunächst von den Bahnbetriebswerken Bebra und Kassel eingesetzt.
Ab 1968 gingen die nun als 043 bezeichneten Loks zum Bw Rheine, wo sie sich bis Oktober 1977 im schweren Erzabfuhrverkehr zwischen Emden und Rheine behaupteten. Die 1937 bei Henschel in Kassel gebaute und im April 1960 auf Ölhauptfeuerung umgerüstete Lokomotive 44 100 wurde ab Herbst 1968 als 043 100 geführt. An einem Julitag des Jahres 1973 zieht sie eine aus 50 Fad-Waggons bestehende, schier endlos scheinende Schlange leerer Erzwagen zwischen Rheine und Salzbergen in Richtung Emden. Die Lok muss auf der leicht ansteigenden Strecke mit ihrer Anhängelast von 1500 t hart arbeiten. Mit ihrer Ausmusterung am 26. Oktober 1977 war der Einsatz dieser Rheiner Maschine bei der DB beendet.

Bereits im Februar 1973 befördert die gleiche Lokomotive eine 1500-t-Erzleergarnitur nördlich der Blockstelle Bentlage von Rheine Rbf in Richtung Emden Rbf. Für die Distanz von 142 km bis zum Zielbahnhof benötigten die Maschinen im Schnitt drei Stunden. Die Lok befindet sich noch in der Beschleunigungsphase und der Lokführer ist bestrebt, die nahezu durchgehend zugelassene Streckenhöchstgeschwindigkeit von 80 km/h so bald wie möglich zu erreichen.

Die 1943 von den Friedrich Krupp-Werken in Essen an die DRG als 44 1666 gelieferte und ab Herbst 1968 als 043 666 bezeichnete ölgefeuerte Güterzuglokomotive zieht am Morgen des 8. Februar 1974 gegen 9.30 Uhr den 1500-t-Erzleerpark Gdg 57543 auf der schnurgeraden Strecke zwischen den Bahnhöfen Leschede und Elbergen in Richtung Emden Rbf. Die ölgefeuerten 44er bestritten im Sommer 1977 den letzten Dampfplan der DB, wobei sie auf einen täglichen Durchschnittswert von immerhin 280 Kilometer kamen. Wie für die meisten ihrer Schwestern schlug auch für 043 666 am 26. Oktober 1977 die Stunde der Ausmusterung.

Die ehemals unter der Betriebsnummer 44 1737 in Dienst gestellte Lokomotive gehörte 1974 zu jenen letzten Bundesbahn-Dampfloks, die für die noch über einen längeren Zeitraum auf der Emslandstrecke mit Dampf abzuwickelnden Erztransporte im Aw Braunschweig auf Ölfeuerung umgebaut wurden. So wurde am 7. Mai 1974 aus der 044 737 die 043 737. Hier hat die Maschine im Sommer 1975 gerade die lange Steigung zwischen den Bahnhöfen Lathen und Haren mit einem Leerzug in Richtung Rheine erklommen.

Mit hörbarer Kraftanstrengung nimmt die im April 1960 auf Ölhauptfeuerung umgestellte ehemalige Lokomotive 44 1746 (ab Herbst 1968 043 746) mit ihrem Ganzzug Gdg 65 152 am 18. Juli 1974 die kurze Steigung zwischen dem Bahnhof Leer und der Ledabrücke in Angriff. Auch diese Lok wurde mit Abstellung der letzten DB-Dampfloks im Oktober 1977 überflüssig.

Die ebenfalls 1960 auf Ölfeuerung umgerüstete, bereits 1937 bei Henschel für die DRG entstandene 44 087 ist hier in einer im September 1975 bei Lathen entstandenen Seitenansicht in voller Fahrt zu sehen. Der Tender des Baumusters 2`2`T 34 fasste nach Umbau 34 m³ Wasser und 12 m³ Öl. Die DB verwendete als Brennstoff schweres Heizöl, das so genannte Bunkeröl C, das damals in den Raffineriebetrieben noch zu den preiswerten Rückständen und Abfallprodukten zählte.

Die 1941 bei Krupp in Essen gebaute und 1960 auf Ölfeuerung umgerüstete 44 606 erklimmt am 7. April 1974 mit einem Leerwagenzug auf der Fahrt nach Rheine mit Schwung die kurze Rampe zwischen der Blockstelle Hanekenfähr am Mittellandkanal und dem Bahnhof Elbergen. Am 27. Oktober 1977 beendete die seit Herbst 1968 als 043 606 registrierte Lok ihre Dienstzeit im Bw Rheine. Zwischen 1981 und 2003 stand die Güterzuglok auf einem Denkmalsockel in Wilhelmshaven. Die in jener Zeit von den Eisenbahnfreunden Friesland gepflegte Lokomotive wurde zu ihrem 50. Geburtstag gründlich aufgearbeitet. Seit 2003 steht die mittlerweile wieder in mäßigem Zustand befindliche Maschine im Bahnpark Augsburg.

Die auch äußerlich noch gut erhaltene 043 315 ist im Juni 1974 mit einem Kokszug von Rheine in Richtung Emden unterwegs. Ab Jahresmitte 1974 wurde die seit 1969 im Bw Rheine stationierte ehemalige DRG-Lokomotive 44 1315 zum Bw Emden umbeheimatet, wo sie Ende Oktober 1977 auch ausgemustert wurde. Bis 1985 stand die 1981 äußerlich aufgearbeitete Lok als Denkmal in Kornwestheim. Seit 2005 gehört die Lokomotive zum nicht betriebsfähigen Inventar des Süddeutschen Eisenbahnmuseums Heilbronn (SEH).

043 326-8

BAUREIHE 44 ÖL (UMBAU DB)

Verwendungszweck	Güterzuglokomotive
Erstes Baujahr	1926 (Umbau ab 1958)
Bauart	1`E h3
Spurweite	1435 mm
Länge über Puffer	22.620 mm
Dienstgewicht	109,6 t
Treib- und Kuppelraddurchmesser	1400 mm
Achslast	19,3 t
Höchstgeschwindigkeit	80 km/h
Leistung	2100 PSi
gefertigte Stückzahl	36 Stück

Die Erzbeförderung zwischen Emden und den Hüttenwerken im Ruhrgebiet sowie im Saarland bildete im Rahmen des Montanverkehrs schon immer den größten Anteil des Güteraufkommens auf der Linie zwischen Emden und Rheine. Neben den gebräuchlichen, aus 25 Fad-Selbstentladewagen bestehenden Ganzzügen mit 2000 t Zuggewicht wurden ab März 1967 auch so genannte Doppelparks mit 50 Fad-Waggons und 4000 t Wagenzuggewicht von Emden Rbf zu den Stahlwerken in Richtung Saar gefahren. Diese bei Eisenbahnfreunden beliebten Züge wurden stets von zwei Güterzuglokomotiven gezogen. Auch am 4. Juni 1974 konnte man schon aus einiger Entfernung das dumpfe Grollen der beiden in voller Fahrt befindlichen Güterzugmaschinen des Erzzuges Gdg 52908 hören. Geführt von der Vorspannlok 043 326 jagt er durch den Bahnhof Lathen in die beginnende gleichnamige Steigung hinein am Standort des Fotografen vorbei.

Baureihe 50 (Einheitslok)

Die Güterzuglokomotiven der Baureihe 50 zählten zu den bewährtesten Konstruktionen der Deutschen Reichsbahn (DRG). Da diese Loks mit ihrer niedrigen Achslast von 15 t eine leistungsfähige und zugleich universell auf Nebenbahnen mit schwächerem Oberbau geeignete Maschine waren, gab es sie praktisch flächendeckend in nahezu allen Bahnbetriebswerken beider deutscher Bahnverwaltungen. Es hat wohl kaum eine Dienststelle gegeben, die nicht zumindest zeitweise Lokomotiven dieser Universalbaureihe in ihrem Bestand hatte.

Zwischen 1939 und 1943 wurden 3164 Maschinen der Baureihe von insgesamt 21 Lokomotivfabriken und damit von nahezu allen europäischen Herstellern im deutschen Machtbereich gebaut. Der Zweite Weltkrieg verteilte diese Maschinen großflächig über fast ganz Europa. Bei der DB wurden 2159 Lokomotiven registriert, während bei der DR lediglich 350 Maschinen verblieben. Davon ließ die Reichsbahn 208 Einheiten umbauen und mit neuen Kesseln mit Mischvorwärmer ausstatten. Trotz des schnell fortschreitenden Strukturwandels in der Zugförderung befanden sich 1968, am Stichtag der EDV-Nummernumstellung, immer noch 1452 Maschinen im DB-Bestand. Erst Anfang 1977 rollten die letzten sechs des Bw Duisburg-Wedau aufs Abstellgleis. An einem Junitag 1971 dampft die Lok 050 341 des Bw Neuss mit einem Nahgüterzug in der Nähe des Bahnhofs Holzheim von Neuss nach Grevenbroich.

BAUREIHE 50 (EINHEITSLOK)

Verwendungszweck	Güterzuglokomotive
Erstes Baujahr	1939
Bauart	1`E h2
Spurweite	1435 mm
Länge über Puffer	22.940 mm
Dienstgewicht	86,9 t
Treib- und Kuppelraddurchmesser	1400 mm
Achslast	15,2 t
Höchstgeschwindigkeit	80 km/h
Leistung	1625 PSi
gefertigte Stückzahl	3164 Stück

Über die östlich von Nürnberg an der Strecke nach Weiden gelegene Rampe von Hartmannshof nach Etzelwang wurden seit jeher auch die schienengebundenen Militärtransporte der NATO in Richtung Truppenübungsplatz Grafenwöhr geleitet. Am 17. September 1974 hat die mit einem Kriegsführerhaus und Kabinentender ausgerüstete 053 121 mit einem solchen Transport mit schwerem Kriegsgerät am Haken auf der langen Steigungsstrecke tüchtig zu kämpfen. Die frühere 50 3121 entstand 1943 im Berliner Unternehmen Maschinenbau und Bahnbedarf (ehemals Orenstein & Koppel) und wurde am 21. August 1975 beim Bw Weiden abgestellt.

Um die Mittagszeit eines Julitages 1972 kämpft sich die Kabinententenderlok 052 945 mit dem Ng 16825 auf der Fahrt von Lichtenfels nach Hof die lange Steigung in Stammbach hinauf. Die im Bw Bayreuth stationierte und 1942 bei Skoda in Pilsen für die DRG gebaute Maschine besitzt das vereinfachte Kriegsführerhaus und legt sich in der Nähe des Dorfs Höflas mit ihrer schweren Last in die Kurve. Am 25. Juli 1975 ging auch für diese Lok der DB-Dienst durch Ausmusterung zu Ende.

Im Mai 1971 ist die 050 621 des Bw Crailsheim mit einem Personenzug auf dem eingleisigen Streckenabschnitt bei Jagstzell unterwegs. Die 1941 gebaute Lokomotive besitzt den Standardtender 2`2`T 26 mit 26 m³ Wasser und 8 t Kohle. Sie wurde am 18. September 1974 im Bw Ulm außer Dienst gestellt.

Die Güterzuglokomotive 50 622 entstand 1940 bei den Henschel-Werken in Kassel. Nach Kriegsende verblieb sie bei der DB und war seither fast ausschließlich in Bahnbetriebswerken im Köln-Aachener Raum und im westlichen Ruhrgebiet stationiert. Am 28. September 1976 wurde sie im Bw Duisburg-Wedau ausgemustert und bis 1980 im Aw Opladen abgestellt. Die Maschine gehörte zu jenen, die anlässlich des 150-jährigen Bestehens der Eisenbahn 1985 wieder betriebsfähig hergerichtet wurden. Beim Brand im Rundlokschuppen des DB-Museums Nürnberg am 17. Oktober 2005 wurde auch sie schwer beschädigt. Seit 2013 steht die äußerlich aufgearbeitete Lok wieder in Nürnberg. Hier ist die 50 622 im Juli 1986 vor dem Deutschen Dampflok-Museum (DDM) in Neuenmarkt-Wirsberg zu sehen.

Am 14. Juli 1972 legt die Kabinentenderlokomotive 050 596 mit dem P 2826 nach Neuenmarkt-Wirsberg im Bahnhof Oberkotzau eine schnelle Ausfahrt hin. Die im Bw Hof beheimatete Maschine wurde später noch zum Bw Lehrte umgesetzt und beendete dort ihre Einsatzzeit am 28. September 1976. Anschließend in hochofengerechte Teile zerlegt, wurde sie eingeschmolzen.

Die DDR-Reichsbahn hatte lediglich 350 Lokomotiven der Baureihe 50. Dieser Mangel war auch einer der Hauptgründe, weshalb die stark vereinfachten Kriegsloks der Baureihe 52 noch bis zum Ende des Dampfbetriebs bei dieser Bahnverwaltung unentbehrlich waren. Zu den im Ursprungszustand belassenen Lokomotiven zählte die 1943 bei MBA (ehemals Orenstein & Koppel) gebaute 50 3145, die am 17. Oktober 1981 mit einem Personenzug bei Wriezen abgelichtet wurde. Am 24. Juni 1988 wurde sie im Bw Berlin-Schöneweide ausgemustert.

Baureihe 50^{50} Öl (Umbau DR) / Baureihe 50^{40} (Neubau DR)

BAUREIHE 50^{50} ÖL (UMBAU DR)

Verwendungszweck	Güterzuglokomotive
Erstes Baujahr	1939 (Umbau ab 1966)
Bauart	1`E h2
Spurweite	1435 mm
Länge über Puffer	22.940 mm
Dienstgewicht	88,3 t
Treib- und Kuppelraddurchmesser	1400 mm
Achslast	15,3 t
Höchstgeschwindigkeit	80 km/h
Leistung	1900 PSi
gefertigte Stückzahl	72 Stück

Insgesamt wurden 208 der bei der DR verbliebenen Loks der Baureihe 50 rekonstruiert. Diese Maschinen eigneten sich geradezu ideal für die dortigen Einsatzverhältnisse. Ab 1966 wurden 72 Loks auf Ölhauptfeuerung umgebaut. Um sie von den rostgefeuerten Maschinen besser unterscheiden zu können, erhielten sie die Baureihenbezeichnung 50^{50}. Nach Einführung des EDV-Nummernsystems ab 1971 wurde daraus die Baureihe 5000. Die sehr leistungsstarken Loks verblieben ausschließlich in den Direktionsbezirken Schwerin und Greifswald, wo sie einen Großteil der Güterzüge von und nach Berlin bespannten. Zum Jahresende 1981 wurden alle wegen der drastisch gestiegenen Ölpreise abgestellt. Einige dienten noch als mobile Heizanlagen, um vorhandene Ölvorräte aufzubrauchen.
Im Januar 1976, als die vor einen Behälterganzzug gespannte 50 0057 am Bahnsteig des Bahnhofs Pasewalk Wasser nahm, lag diese Entwicklung noch in weiter Ferne.

Da die Reichsbahn der DDR einen großen Bedarf an Güterzugloks mit 15 t Achslast hatte, ließ man parallel zur Personenzug-Baureihe 2310 die Güterzuglok 50^{40} mit weitgehend austauschbaren Baugruppen entwickeln. Der geschweißte Neubaukessel verfügte über eine Verbrennungskammer und Mischvorwärmer und war auch für die Verfeuerung von Braunkohlenbriketts ausgelegt. Die Leistung der Baureihe 50^{40} war um einiges höher als die der Einheitslokomotive der Baureihe 50, sie war auch im Verbrauch etwas sparsamer.
Zwischen 1956 und 1960 wurden 88 Einheiten vom VEB Lokomotivbau Karl Marx Babelsberg an die DR geliefert. Mit Auslieferung der letzten lief auch das Neubauprogramm für Regelspurdampflokomotiven bei der DR aus. Viele Einheiten waren bei der Direktion Schwerin stationiert und besorgten zeitweise auch den grenzüberschreitenden Verkehr nach Büchen. Das schwächste Element der neuen Lokomotiven war der zur Rissbildung neigende Blechrahmen, der zur vorzeitigen Ausmusterung der Lokomotiven führte. 1980 wurde nur noch eine eingesetzt, andere dienten noch eine Zeitlang als Heizloks.

BAUREIHE 50^{40} (NEUBAU DR)

Verwendungszweck	Güterzuglokomotive
Erstes Baujahr	1956
Bauart	1`E h2
Spurweite	1435 mm
Länge über Puffer	22.600 mm
Dienstgewicht	85,9 t
Treib- und Kuppelraddurchmesser	1400 mm
Achslast	15,3 t
Höchstgeschwindigkeit	80 km/h
Leistung	1760 PSi
gefertigte Stückzahl	88 Stück

In den frühen 1950er Jahren gab es bei der DB Versuche, die Wirtschaftlichkeit des Dampfbetriebs zu erhöhen. Eine dieser Maßnahmen war die Ausrüstung von Lokomotiven mit Rauchgasvorwärmeranlagen nach dem System Franco-Crosti. Zu diesem Zweck wurden bis 1959 insgesamt 31 Maschinen der Baureihe 50 umgebaut und als Baureihe 50^{40} bezeichnet. Äußerlich waren diese Loks am Vorwärmerkessel und am seitlichen Schornstein zu erkennen. Diese Position führte beim Personal zeitweise zu Belästigungen durch Kohlenstaub und zurückströmende Rauchgase. Die Maschinen waren zwar sparsamer im Kohleverbrauch, aber dieser Kostenvorteil wurde durch erhöhten Unterhaltungsaufwand wieder zunichte gemacht. Vor allem die stark korrodierenden Rauchrohre bereiteten Probleme. Daher schieden die letzten Exemplare bereits Mitte 1967 im Bw Kirchweyhe aus dem Betriebsdienst.

BAUREIHE 50^{40} (UMBAU DB/FRANCO-CROSTI)

Verwendungszweck	Güterzuglokomotive
Erstes Baujahr	1939 (Umbau ab 1954)
Bauart	1`E h2
Spurweite	1435 mm
Länge über Puffer	22.940 mm
Dienstgewicht	90.6 t
Treib- und Kuppelraddurchmesser	1400 mm
Achslast	15,7 t
Höchstgeschwindigkeit	80 km/h
Leistung	1540 PSi
gefertigte Stückzahl	31 Stück

Baureihe 50^{35} (Umbau DR)

Von den weit mehr als 3000 Einheiten der Baureihe 50 waren nach 1945 lediglich 350 Maschinen bei der DDR-Reichsbahn verblieben. Aufgrund des ungeeigneten Kesselbaustahls stieg Mitte der 1950er Jahre die Schadenshäufigkeit entsprechend. Da die DR auf die Lokomotiven auch langfristig nicht verzichten konnte, wurden Modernisierung und Rekonstruktion unumgänglich. In den Jahren von 1957 bis 1962 kamen 208 Loks der Baureihe in den Genuss eines geschweißten Verbrennungskammerkessels mit Mischvorwärmer. Zur besseren Unterscheidung wurden sie als Baureihe 5035 geführt. Davon wurden ab 1966 insgesamt 72 Lokomotiven mit einer Ölhauptfeuerung ausgerüstet und seither als Baureihe 5050 bezeichnet. Der Betriebsdienst war mit den neuen Maschinen recht zufrieden. Sie hatten mehr Dampfleistung und wurden vorwiegend auf Flachlandstrecken nicht nur im Güterzugdienst, sondern auch vor Reisezügen – teilweise sogar vor Schnellzügen – eingesetzt. Die Lokomotiven der Baureihe gehörten zu den letzten Einsatzmaschinen der Deutschen Reichsbahn. Eine Lok dieser Baureihe, von der bis heute rund 70 Stück erhalten geblieben sind, beförderte 1988 auch den offiziell letzten Regeldampfzug in der DDR. Dieses Foto zeigt die 1962 rekonstruierte und im Bw Halberstadt stationierte Lok 50 3708 vor einem Personenzug kurz vor der Ausfahrt aus dem Bahnhof Hecklingen bei Staßfurt.

Die 1939 als 50 235 von der DRG in Dienst genommene Güterzuglokomotive wurde 1959 im Raw Stendal rekonstruiert und stand bis zur Ausmusterung im Bw Magdeburg am 23. März 1992 als 50 3553 im Einsatz. Die Maschine gehört heute zu den vor sich hin rostenden Exponaten des Dampflokmuseums Hermeskeil. Die Zukunftsaussichten der im Freien stehenden Lokomotive sind – wenn sich niemand ihrer annimmt – leider als eher schlecht zu bezeichnen. Auf dieser im Februar 1975 entstandenen Aufnahme erfreute sich die Lok noch bester Gesundheit.

Die nach der 1960 erfolgten Neubekesselung unter 50 3616 geführte Dampflok entstand ursprünglich unter der Betriebsnummer 50 453 im Jahr 1940 bei den Schichau-Werken in Elbing. Von 1967 bis 1981 war die Lok mit einem Giesl-Flachejektor ausgerüstet. Die zuletzt im Bw Karl-Marx-Stadt beheimatete Maschine wurde im Mai 1993 in der wieder als Bw Chemnitz bezeichneten Dienststelle ausgemustert. Seit 1999 ist die im Besitz des Vereins Sächsischer Eisenbahnfreunde (VSE) befindliche Lok betriebsfähig und hat im ehemaligen Bw Schwarzenberg eine neue Heimat gefunden. Hier sehen wir die bestens instandgehaltene Maschine am 22. April 2000 vor einem Sonderzug im Bahnhof Wechselburg.

Die heutige 50 3610 war die frühere 50 1768, die 1941 in den Elbinger Schichau-Werken für die DRG gebaut wurde. Nach ihrer Rekonstruktion 1957 wurde die Lok überwiegend vom Bw Magdeburg eingesetzt. Am 3. Mai 1993 erfolgte die Ausmusterung im Bw Wittenberge. Die von einer Privatfirma erworbene Lokomotive erhielt 1998 im Aw Pila in Polen eine Hauptuntersuchung und ist seither betriebsfähig. Am 2. April 2010 war die Lok in Trier zu Gast.

50 3708-0

BAUREIHE 50^{35} (UMBAU DR)

Verwendungszweck	Güterzuglokomotive
Erstes Baujahr	1939 (Umbau ab 1957)
Bauart	1`E h2
Spurweite	1435 mm
Länge über Puffer	22.940 mm
Dienstgewicht	88,2 t
Treib- und Kuppelraddurchmesser	1400 mm
Achslast	15,4 t
Höchstgeschwindigkeit	80 km/h
Leistung	1760 PSi
gefertigte Stückzahl	208 Stück

Unter der Betriebsnummer 50 1309 wurde die 1941 bei der Berliner Maschinenbau AG (BMAG) gefertigte Lokomotive von der Deutschen Reichsbahn-Gesellschaft in Dienst gestellt. Nach der Rekonstruktion 1962 im Raw Stendal hieß sie 50 3708. Seither war die Lok bei verschiedenen Dienststellen in der Magdeburger Börde beheimatet und wurde am 15. August 1988 im Bw Halberstadt abgestellt. Die bis 2014 betriebsfähige Maschine gehört der Traditionsgemeinschaft 50 3708, deren Mitglieder die erneute Inbetriebnahme anstreben.

Baureihe 52 (Kriegslok)

Die allgemein als Kriegslokomotive bekannt gewordene Baureihe 52 entstand 1942 als vereinfachte Bauausführung der Reihe 50. Sie wurde aus dem Zwang heraus gebaut, für die Kriegsdauer eine möglichst große Zahl einfacher und funktionstüchtiger Lokomotiven zur Verfügung zu haben. Bei ihrem Bau wurde auf alle nicht unbedingt notwendigen Teile verzichtet, denn eine Lebensdauer von zehn Jahren hielt man für völlig ausreichend. Buntmetalle und weitere Mangelrohstoffe wurden weitgehend durch Stahl ersetzt. In Anbetracht der zu erwartenden Wintereinsätze an der Ostfront war das Führerhaus doppelwandig ausgeführt und nach hinten geschlossen.
Insgesamt entstanden rund 6700 Stück, womit sie auch im internationalen Vergleich zu den meistgebauten Lokomotiven zählt. Im Gegensatz zur DB konnte die DR auch auf längere Sicht auf diese unverwüstlichen Maschinen nicht verzichten. Sie standen teilweise bis zum Ende des planmäßigen Dampfbetriebs im Einsatz. Auf diesem Bild durchfährt im Sommer 1978 die mit einem Giesl-Flachejektor ausgerüstete 52 1505 des Bw Berlin-Schöneweide mit einem Kühlwagenzug das Blankenburger Kreuz in Richtung Berliner Außenring.

BAUREIHE 52 (KRIEGSLOK)

Verwendungszweck	Güterzuglokomotive
Erstes Baujahr	1942
Bauart	1`E h2
Spurweite	1435 mm
Länge über Puffer	22.975 mm
Dienstgewicht	84 t
Treib- und Kuppelraddurchmesser	1400 mm
Achslast	15,4 t
Höchstgeschwindigkeit	80 km/h
Leistung	1620 PSi
gefertigte Stückzahl	6700 Stück

Hier sehen wir die Lokomotive 52 1538 des Bw Halle G am 24. September 1983 vor einem Sonderzug in der Nähe des an der Strecke von Zeitz nach Gera gelegenen Bahnhofs Haynsburg. Die Lok ist mit dem bei dieser Baureihe üblichen Wannentender 2`2`T 30 gekoppelt, der mit einem Fassungsvermögen von 30 m³ Wasser und 10 t Kohle auch als geeigneter Vorratsbehälter für andere Dampflokbaureihen verwendet wurde.

Die am 20. Mai 1981 vor einem Personenzug fotografierte 52 2751 wurde 1944 von den Henschel-Werken in Kassel an die DRG abgeliefert. Durch die Kriegswirren gelangte sie zunächst in den Bestand der Sowjetischen Staatsbahn SZD. 1962 wurde die Lokomotive von der Deutschen Reichsbahn gekauft und stand seither beim Bw Wustermark Rbf im Einsatz. 1987 bescherte ein Aktionskünstler der mittlerweile ausgemusterten Maschine das zweifelhafte Vergnügen, im Rahmen der Ausstellung „Mythos Berlin“ auf dem Gelände des ehemaligen Anhalter Bahnhofs als auf den Kopf gestellte Skulptur „La Tortuga“ (Schildkröte) präsentiert zu werden. Seit 1991 befindet sich die still vor sich hinrostende Lokomotive, der diese Aktion das Schicksal des Schneidbrenners kaum ersparen wird, als „Denkmal“ vor dem Theater in Marl. Die arme Lokomotive!

Die heute mit einem von der Wiener Lokomotivfabrik Floridsdorf gefertigten Steifrahmentender der Bauart K 4 T 30 gekuppelte Kriegslokomotive 52 6666 wurde am 27. Oktober 1943 von den Pilsener Skoda-Werken für die DRG hergestellt. Es ist die einzige in Deutschland erhaltene Maschine mit diesem Tender. Seit 1971 stand die Lok im Bw Berlin-Schöneweide im Dienst. Nach dem Ende ihrer aktiven Einsatzzeit erhielt sie in diesem Bw den Status einer Traditionslok. Sie war noch in den 1990er Jahren aktiv und ist heute als restaurierte, allerdings nicht mehr betriebsbereite Museumslok im Bw Schöneweide zu besichtigen.

An einem Septembertag des Jahres 1977 macht die im Bw Wustermark stationierte, 1944 gebaute Kriegslokomotive 52 6373 vor einem langen Kokszug auf dem Berliner Außenring tüchtig Dampf. Die Maschine befindet sich äußerlich noch weitgehend im Ablieferungszustand. Die Änderungen beschränkten sich hauptsächlich auf den Ersatz mancher Bauteile durch friedensmäßige Rohstoffe. Am 15. September 1981 musste die zeitlebens fast ausschließlich im Raum Berlin beheimatete Lokomotive Abschied von der Schiene nehmen. Sie wurde verschrottet.

Die Lokomotiven der Reichsbahn-Baureihe 52^{80} entstanden ab 1960 durch gründliche Überarbeitung und Rekonstruktion der Baureihe 52. Bis 1967 erhielten insgesamt 200 Lokomotiven neue Verbrennungskammerkessel mit Mischvorwärmeranlagen, die auch für die Baureihe 50^{35} verwendet wurden. Für die Neubekesselung kamen allerdings nur Maschinen mit Blechrahmen infrage. Hinzu kamen neue Zylinder und neue Führerhausvorderwände mit ovalen Fenstern. Der ursprünglich vorgesehene Ersatz der kompletten Führerhäuser und die Kupplung mit neuen Tendern kamen aus Kapazitätsgründen nicht zustande. Einige Loks wurden mit Giesl-Flachejektoren ausgerüstet. Aus Verschleiß- oder Lizenzgründen wurden diese Anlagen allerdings nach und nach wieder entfernt. Die in vielen Bahnbetriebswerken der DR beheimateten Maschinen waren wegen ihres verdampfungsfreudigen Kessels beim Personal recht beliebt. Ihr Einsatz erfolgte im Güter- und Reisezugdienst überwiegend auf Flachlandstrecken. Die gestiegenen Ölpreise in den frühen 1980er Jahren bewirkten eine Reaktivierung vieler bereits abgestellter Loks der Baureihe. Bis Ende 1980 wurde die 52^{80} im Betriebsdienst verwendet, wobei die letzte Maschine erst im November 1994 ausgemustert wurde. Die hier im Februar 1977 im Süden Berlins bei Altglienicke abgelichtete 52 8178 wurde bereits im August 1986 im Bw Brandenburg ausgemustert.

BAUREIHE 52^{80} (UMBAU DR)

Verwendungszweck	Güterzuglokomotive
Erstes Baujahr	1942 (Umbau ab 1960)
Bauart	1`E h2
Spurweite	1435 mm
Länge über Puffer	22.975 mm
Dienstgewicht	89,7 t
Treib- und Kuppelraddurchmesser	1400 mm
Achslast	15,9 t
Höchstgeschwindigkeit	80 km/h
Leistung	1750 PSi
gefertigte Stückzahl	200 Stück

Die im Bw Haldensleben stationierte 52 8068 wurde im Juni 1977 mit dem Ng 65180 bei der Durchfahrt durch den Bahnhof Kremmen abgelichtet. Die Lokomotive entstand durch Rekonstruktion der 1944 bei Jung gebauten 52 3311. Heute gehört diese Maschine als nicht betriebsbereites Exponat zum Bestand des Sächsischen Eisenbahnmuseums (SEM) in Chemnitz-Hilbersdorf.

Die Baureihe 52^{80} war eine Universallokomotive, die nicht nur im Güterzugdienst, sondern auch im Reisezugverkehr verwendet werden konnte. So auch die am 30. September 1983 im Bahnhof Kamenz abfahrbereit vor einem Personenzug abgelichtete, im gleichen Bw stationierte 52 8116. Die Lokomotive entstand 1964 durch Rekonstruktion aus der 1943 bei Krauss-Maffei gebauten 52 3354. Die Lok wurde noch ins Bw Guben umbeheimatet und befand sich im Februar 1987 letztmalig unter Dampf. Die Ausmusterung der von einer Privatfirma erhaltenen Lok erfolgte am 22. Dezember 1993.

Zum Bw Frankfurt/Oder gehörte die 52 8079, die am 29. August 1992 im Bahnhof Forst/Lausitz vor die Kamera geriet. Die 1963 aus der 1943 bei Schichau in Elbing hergestellten Kriegslok 52 5659 durch Rekonstruktion entstandene Maschine wurde am 5. Dezember 1994 ausgemustert und im darauffolgenden Jahr an die Dampf Plus GmbH verkauft, die die im Bw Dresden-Altstadt untergestellte Lok bis heute einsatzbereit hält.

Die Lok 52 8075 wurde 1944 als 52 1292 von der 1939 in Deutsche Waffen- und Munitionsfabriken (DWW) umbenannten Firma Cegielsk in Posen gebaut. 1963 wurde sie rekonstruiert und umgezeichnet in 52 8075. Mehr als 30 Jahre lang, von Februar 1963 bis November 1993, war die Maschine im Bw Wustermark stationiert, wo am 29. März 1991 auch diese Aufnahme entstand. Für ein weiteres Jahr kam die Lok noch zum Bw Berlin-Schöneweide, wo sie am 4. Dezember 1994 ausgemustert wurde. Die Lokomotive gehört heute zum Bestand der IGE Werrabahn Eisenach.

Die am 7. Mai 1965 rekonstruierte Dampflok 52 8134 wurde 1943 als 52 7138 von der Wiener Lokomotivfabrik Floridsdorf an die DRG geliefert. Die Lok war Teil eines gewaltigen Beschaffungsprogramms, mit dem während des Krieges der große Bedarf an einfach ausgelegten Lokomotiven gedeckt werden sollte. Am Bau waren 14 Lokomotivfabriken beteiligt. Ihre überwiegende Einsatzzeit verbrachte die Lokomotive in verschiedenen Bw in der Lausitz. Ende 1992 gelangte sie vom Bw Elsterwerda zum Bw Berlin-Schöneweide, wo sie am 4. Dezember 1994 abgestellt wurde. Im Mai 1997 erwarben sie die Eisenbahnfreunde Betzdorf e.V. und sorgen sich seither erfolgreich um die betriebsfähige Erhaltung ihre liebevoll „Lotti" getauften Lok. Bei einer Plandampfveranstaltung entstand diese Aufnahme am 31. Mai 2014 in der Nähe von Neustadt/Weinstraße.

Die 1965 mit einem Rekokessel ausgerüstete und seither mit 52 8154 bezeichnete Lokomotive entstand 1943 als 52 4896 bei der Firma Maschinenbau und Bahnbedarf (MBA) in Babelsberg, den ehemaligen Orenstein & Koppel-Werken, für die Deutsche Reichsbahn-Gesellschaft. Die überwiegend in den Bw Kamenz und Bautzen stationierte Maschine wurde am 23. März 1992 im Bw Halle G ausgemustert und ist seit 1995 technisches Kulturdenkmal der Stadt Leipzig. Heute wird sie im Eisenbahnmuseum Leipzig einsatzfähig gehalten und gepflegt. Hier sehen wir die Lokomotive am 10. Dezember 1993 vor einem Sonderzug in Leipzig Bayerischer Bahnhof.

Die schwierige Versorgung mit Steinkohle veranlasste die DDR-Reichsbahn zu umfangreichen Versuchen, die ausreichend zur Verfügung stehende Braunkohle auch für die Dampflokfeuerung zu nutzen. Ab 1951 baute das Raw Stendal insgesamt 25 Maschinen der Baureihe 52 auf die neue Braunkohlenstaubfeuerung nach dem System Wendler um. Bei den mit neuen Wannentendern ausgerüsteten Loks wurde der mit Verbrennungsluft angereicherte Kohlenstaub durch zwei Brenner in der Feuerbüchse verwirbelt. Dies führte zu sehr hohen Verbrennungstemperaturen und einer entsprechend guten Leistungsausbeute. Zudem vereinfachte es die Arbeit des Lokheizers.

Alle Loks wurden – unabhängig von ihrer früheren Betriebsnummer – zur Baureihe 52^{90} erklärt. Die Maschinen kamen sämtlich im Bw Senftenberg zum Einsatz und bewährten sich gut. Erst der Traktionswandel in den 1970er Jahren brachte das Ende für die mit Braunkohlenstaub betriebenen Maschinen. Die 1954 umgebaute Lokomotive 52 4900, die im Zuge der EDV-Umstellung die neue Nummer 52 9900 erhielt und am 20. April 1979 wegen eines Schadens abgestellt werden musste, blieb als einzige erhalten. Seit 1995 ist sie als nicht betriebsfähige Museumslok im Bw Halle P beheimatet.

BAUREIHE 52^{90} (UMBAU DR)

Verwendungszweck	Güterzuglokomotive
Erstes Baujahr	1942 (Umbau ab 1951)
Bauart	1`E h2
Spurweite	1435 mm
Länge über Puffer	22.975 mm
Dienstgewicht	84,4 t
Treib- und Kuppelraddurchmesser	1400 mm
Achslast	15,4 t
Höchstgeschwindigkeit	80 km/h
Leistung	1660 PSi
gefertigte Stückzahl	25 Stück

Baureihe 55^{0-6} (preußische G 7^1)

In den 1890er Jahren reichten in Anbetracht der ständig steigenden Zuglasten im Güterverkehr die Leistungen der bisherigen 1`C-Lokomotiven vor allem auf Steigungsstrecken nicht mehr aus. 1893 stellte die Preußische Staatsbahn die erste vierfach gekuppelte Lokomotive der Gattung G 7^1 in Dienst. Bei dieser Konstruktion wurde der Kessel nahezu unverändert von der bisherigen Gattung G 51 übernommen. Unverändert blieben auch die tiefe Kessellage und die innenliegende Steuerung. Die meisten der insgesamt 1205 Maschinen gingen an westdeutsche und schlesische Direktionen. Während des Ersten Weltkrieges waren die einfachen und robusten Lokomotiven für Militärtransporte unentbehrlich. Zur DRG gelangten noch 680 Lokomotiven, die als Baureihe 55^{0-6} eingereiht wurden. Bei der Bundesbahn verschwanden die zum Schluss nur noch in untergeordneten Diensten eingesetzten Maschinen bis 1957, während die letzten Loks der DR erst 1966 abgestellt wurden. Die 1964 ausgemusterte Lokomotive 55 669 ist in der Fahrzeugsammlung des Verkehrsmuseums Dresden erhalten geblieben.

BAUREIHE 55^{0-6} (PREUSSISCHE G 71)

Verwendungszweck	Güterzuglokomotive
Erstes Baujahr	1893
Bauart	D n2
Spurweite	1435 mm
Länge über Puffer	16.613 mm
Dienstgewicht	52,6 t
Treib- und Kuppelraddurchmesser	1250 mm
Achslast	14,7 t
Höchstgeschwindigkeit	50 km/h
Leistung	660 PSi
gefertigte Stückzahl	1205 Stück

Bei der ab 1902 gebauten D-gekuppelten preußischen Lokgattung G 8 wurde erstmals bei einer Güterzuglok die von Robert Garbe entwickelte Heißdampftechnik eingesetzt. Die ersten der mit Überhitzern ausgerüsteten Lokomotiven entstanden in den Stettiner Vulcan-Werken, während sich am Bau der übrigen, bis 1913 gefertigten Maschinen auch andere Hersteller beteiligten. Gegenüber der Gattung G 71 wartete die G 8 mit einer erheblichen Mehrleistung auf. Zog die Nassdampf-Zwillingsmaschine auf einer Steigung von 5 Promille mit 40 km/h 385 t, so erreichte die G 8 mit 700 t fast das Doppelte.
Die Maschinen litten unter einigen Kinderkrankheiten, so an der insgesamt zu leichten Bauweise, die ab 1913 Verstärkungen erforderlich machten. Zur DRG gelangten noch 656 Lokomotiven, die als Baureihe 55^{16-22} eingereiht wurden. Nur etwas mehr als ein Drittel davon überlebte den Zweiten Weltkrieg. Bei der DB wurden die letzten Fahrzeuge 1955, bei der DDR-Reichsbahn 1969 ausgemustert. Die 1913 gebaute und zur Bagdadbahn gelangte ehemalige Lok 4981 Mainz überlebte im Eisenbahnmuseum Darmstadt-Kranichstein bis heute. Die von der Türkischen Staatsbahn erworbene Maschine wurde 1987 auf eigener Achse nach Deutschland geschleppt und weitgehend in den Originalzustand zurückversetzt.

BAUREIHE 55^{16-22} (PREUSSISCHE G 8)

Verwendungszweck	Güterzuglokomotive
Erstes Baujahr	1902
Bauart	D h2
Spurweite	1435 mm
Länge über Puffer	17.969 mm
Dienstgewicht	58,5 t
Treib- und Kuppelraddurchmesser	1350 mm
Achslast	16,4 t
Höchstgeschwindigkeit	55 km/h
Leistung	1100 PSi
gefertigte Stückzahl	1045 Stück

Baureihe 55^{25-56} (preußische G 8[1])

Als letzte Entwicklungsstufe eines Vierkupplers beschafften die Preußischen Staatsbahnen zwischen 1913 und 1921 insgesamt 4958 Güterzuglokomotiven der Gattung G 8¹, spätere DRG-Baureihe 55^{25-56}. Hinzu kamen Lieferungen an weitere Bahnverwaltungen und ins Ausland, sodass von einer Gesamtzahl von 5155 ausgegangen werden kann. So gehört die Zweizylinder-Heißdampflok zur zweithäufigsten in Deutschland gebauten und auch weltweit zu den meistgebauten Dampfloks. Wegen der hohen Achslast ließ sich die G 8¹ allerdings nur auf Hauptstrecken einsetzen. Die unscheinbare Lokomotive zog klaglos 800 t mit 50 und 2300 t immer noch mit 30 km/h. Mehr als 1800 dieser bewährten Loks gingen nach dem Ersten Weltkrieg als Reparationsleistungen an die Siegermächte. 1925 übernahm die DRG noch 3119 Lokomotiven. Nach den großen Kriegsverlusten gelangten noch rund 770 Maschinen zur DB und 230 Loks zur DR, deren letzte Exemplare in beiden Teilen Deutschlands bis 1972 ausgemustert wurden. Auch in Polen wurden noch 302 Lokomotiven als Baureihe Tp 4 bis zum gleichen Jahr eingesetzt. In Deutschland sind zwei Loks, darunter die im Eisenbahnmuseum Bochum-Dahlhausen fotografierte, 1915 bei Henschel gebaute 55 3345 (ex. Cassel 5159), erhalten geblieben.

BAUREIHE 55^{25-56} (PREUSSISCHE G 81)

Verwendungszweck	Güterzuglokomotive
Erstes Baujahr	1913
Bauart	D h2
Spurweite	1435 mm
Länge über Puffer	18.290 mm
Dienstgewicht	69,9 t
Treib- und Kuppelraddurchmesser	1350 mm
Achslast	17,6 t
Höchstgeschwindigkeit	55 km/h
Leistung	1260 PSi
gefertigte Stückzahl	5155 Stück

1968 waren bei der DB noch etwas mehr als 50 Loks der jetzt als 055 bezeichneten G 8[1] vorhanden. Diese wurden überwiegend in Rangier- und Übergabediensten aufgebraucht. Neben dem Bw Gremberg war das Bw Neuss einer der letzten Einsatzstandorte dieser Preußenloks. Im Mai 1969 entstand die Aufnahme der 055 988 – die als 55 988 im Jahr 1913 bei Henschel in Kassel gebaut wurde – am Ablaufberg des Rangierbahnhofs Neuss. Am 27. November 1970 musste diese Maschine Abschied von der Schiene nehmen.

Hier eine im Winter 1968/69 beim Abdrücken von Waggons im Neusser Rangierbahnhof entstandene Aufnahme der 055 113 (ex. Elberfeld 4993, gebaut 1914 bei Hanomag in Hannover-Linden, später 55 3113). Am 2. Juni 1971 wurde sie ausgemustert.

Baureihe 56^{30} (preußische $G8^2$)

Im Jahr 1919 wurde damit begonnen, aus der dreizylindrigen Gattung G 83 eine einfachere Zweizylindermaschine abzuleiten. Die als G 8^2 geführten Loks bewährten sich so gut, dass von Ihnen bis 1927 insgesamt 846 Stück beschafft wurden. Hinzu kamen acht für die Lübeck-Büchener Eisenbahn. Als diese Bahn 1938 verstaatlicht wurde, erhielt die bis heute als letzte noch existierende Lok die Betriebsnummer 56 3007. Seit den frühen 1950er Jahren wurde die nun als Lok Nr. 4 bezeichnete Maschine vom Eschweiler Bergwerk-Verein erworben und bis zur Schließung 1975 in der Kohlengrube Carl-Alexander in Baesweiler für Übergabedienste an das DB-Streckennetz verwendet. Hier sehen wir sie im Dezember 1971 auf der etwa 5,5 Kilometer langen Anschlussbahn vom Grubenbahnhof Carl-Alexander bis zum DB-Bahnhof Merkstein.

Hier sehen wir die Tender voraus fahrende Lok Carl-Alexander Nr. 4 mit einem Leerwagenzug auf der Rückleistung vom Bahnhof Merkstein zum Zechenbahnhof. Die Lok wurde am 1. Oktober 1975 ausgemustert und befindet sich seither als nicht betriebsfähiges Exponat im Eisenbahnmuseum Darmstadt-Kranichstein.

BAUREIHE 56^{30} (PREUSSISCHE G82)

Verwendungszweck	Güterzuglokomotive
Erstes Baujahr	1919
Bauart	1`D h2
Spurweite	1435 mm
Länge über Puffer	18.645 mm
Dienstgewicht	83,5 t
Treib- und Kuppelraddurchmesser	1400 mm
Achslast	17,7 t
Höchstgeschwindigkeit	75 km/h
Leistung	1390 PSi
gefertigte Stückzahl	854 Stück

Aufgrund der beständig gestiegenen Zuglasten reichte die Leistung der an sich sehr kräftigen vierfach gekuppelten Güterzuglokomotive der Gattung G 81 schon bald nicht mehr aus. Ab 1910 wurde eine fünffach gekuppelte, als G 10 bezeichnete Type beschafft. Es war eine einfache und robuste Heißdampfmaschine, die ähnlich der G 81 mit einem Zweizylinder-Triebwerk mit einfacher Dampfdehnung funktionierte. Viele Baugruppen, so auch der Kessel, waren innerhalb der preußischen Lokbaureihen untereinander austauschbar.
Dank der geringen Achslast konnten die Loks auch auf Nebenstrecken mit leichterem Oberbau fahren. Einschließlich der Exportlieferungen und Reparationsabgaben entstanden bis 1931 knapp 3000 Lokomotiven. Der Zweite Weltkrieg verteilte die vor allem an der Ostfront eingesetzten Maschinen über fast ganz Europa. Der DB standen 1950 noch 730 Maschinen, der DDR-Reichsbahn 112 Stück zur Verfügung. Bei der DB schied die letzte Lok im Jahr 1970 aus, während bei der DR 1972 die letzten Maschinen aus den Bestandslisten gestrichen wurden. Oben ist die 1923 bei der Hohenzollern AG in Düsseldorf gebaute Traditionslok 57 3291 zu sehen, die erhalten geblieben ist, links die 57 2070 als letzte betriebsfähige DB-Lokomotive dieser Baureihe anlässlich einer Sonderfahrt im Jahr 1969.

BAUREIHE 57^{10-35} (PREUSSISCHE G 10)

Verwendungszweck	Güterzuglokomotive
Erstes Baujahr	1910
Bauart	E h2
Spurweite	1435 mm
Länge über Puffer	18.912 mm
Dienstgewicht	76,6 t
Treib- und Kuppelraddurchmesser	1400 mm
Achslast	15,3 t
Höchstgeschwindigkeit	60 km/h
Leistung	1100 PSi
gefertigte Stückzahl	3000 Stück

Baureihe 58^{10-12} (preußische G 12)

Von der Ursprungsausführung der Baureihe 58 sind nach neuestem Stand noch neun Lokomotiven im europäischen Raum erhalten geblieben. Davon ist lediglich die 58 311 betriebsbereit. Die seit 1976 außer Betrieb befindliche 58 261 wird als optisch aufgearbeitetes und rollfähiges Museumsexponat als Dauerleihgabe des Verkehrsmuseums im Bw Chemnitz-Hilbertsdorf erhalten. Hier wird die 1921 bei BBC in Mannheim gebaute Lok am 22. Mai 1993 auf einer Ausstellung in Potsdam-Stadt gezeigt.

BAUREIHE 58^{10-12} (PREUSSISCHE G 12)

Verwendungszweck	Güterzuglokomotive
Erstes Baujahr	1919
Bauart	1`E h3
Spurweite	1435 mm
Länge über Puffer	18.495 mm
Dienstgewicht	95,7 t
Treib- und Kuppelraddurchmesser	1400 mm
Achslast	16,7 t
Höchstgeschwindigkeit	65 km/h
Leistung	1540 PSi
gefertigte Stückzahl	1371 Stück

Die Lokomotive 58 1111 quält sich mit einem Güterzug über eine beachtliche Steigung im Thüringer Wald. Die heute von den Ulmer Eisenbahnfreunden erhaltene Lok ist eine badische G 12, die 1921 als 58 311 von der Maschinenbaugesellschaft Karlsruhe gebaut wurde. Der Krieg verschlug die Maschine auf das Gebiet der DDR-Reichsbahn, wo sie 1946 wieder in Betrieb genommen wurde. 1977 erfolgte die Ausmusterung im Bw Aue. Noch im gleichen Jahr wurde die Lok ans Deutsche Dampflok-Museum (DDM) in Neuenmarkt-Wirsberg verkauft. 1984 erwarben sie die Ulmer Eisenbahnfreunde (UEF) und richteten sie betriebsfähig wieder her. Nach Unterbrechung ist sie seit Juni 2006 wieder vor Sonderzügen im Einsatz.

In dieser Aufnahme sehen wir die Lokomotive 58 1111 vor einem langen Güterzug im Bahnhof Oberhof/Thüringen. Die später auf ihre alte Betriebsnummer 58 311 umgezeichnete Lok ist die einzige betriebsfähig erhaltene Maschine der Baureihe und wohl auch die einzige Lok, deren technischer Zustand langfristigen Betriebseinsatz ermöglicht. Sie findet sich noch weitgehend im Originalzustand der 1920er Jahre.

Baureihe 58^{30} (Umbau DR)

Wegen des großen Lokmangels war die Baureihe 58 bei der DR noch über viele Jahre unverzichtbar. Zwischen 1958 und 1962 ließ die Reichsbahn insgesamt 56 Lokomotiven grundlegend rekonstruieren und rüstete die Maschinen mit neuen geschweißten Hochleistungskesseln mit Verbrennungskammern, neuen Mittelzylindern, Mischvorwärmern, geschweißten Führerhäusern und Witte-Windleitblechen aus. Bedingt durch die Änderungen musste der Rahmen verlängert werden. Diese nun erheblich leistungsfähigeren Loks liefen unter der Baureihenbezeichnung 58^{30}. Ein Teil der Maschinen erhielt auch neue geschweißte Tender des Typs 2`2`T 28. Die 1961 im Raw Zwickau zur 58 3047 umgebaute Lokomotive entstand aus der 1920 für die Preußische Staatsbahn gefertigten 58 1955. Bis Mitte 1980 wurde sie vom Bw Glauchau eingesetzt. Die anschließend in den Museumslokbestand überführte Lokomotive blieb in Glauchau stationiert. 1992 musste sie wegen Fristablaufs abgestellt werden. Seither ist die optisch aufgearbeitete Maschine in Glauchau zu bewundern.

BAUREIHE 58^{30} (UMBAU DR)

Verwendungszweck	Güterzuglokomotive
Erstes Baujahr	1917 (Umbau ab 1958)
Bauart	1`E h3
Spurweite	1435 mm
Länge über Puffer	22.110 mm
Dienstgewicht	97,2 t
Treib- und Kuppelraddurchmesser	1400 mm
Achslast	17,4 t
Höchstgeschwindigkeit	70 km/h
Leistung	1800 PSi
gefertigte Stückzahl	56 Stück

Die 1920 bei den Hanomag-Werken in Hannover-Linden für die Preußische Staatsbahn entstandene 58 1430 wurde im Februar 1959 zur 58 3012 rekonstruiert. Die zum Schluss im Bw Nordhausen stationierte Maschine beendete ihren Einsatz bei der Deutschen Reichsbahn durch Ausmusterung am 21. Juli 1981. Am 9. Juni 1977 war die Dreizylinderlok vor dem Nahgüterzug Ng 63332 bei Ummritz zu sehen.

Die bereits zum Museumslokbestand gehörende 58 3047 hatte am 24. Februar 1991 die Ehre, während einer Plandampfveranstaltung den Nahgüterzug Ng 64391 zu befördern. Hier sehen wir die Maschine vor der Ausfahrt im Bahnhof Aue. Neben dieser Lokomotive ist lediglich die mittlerweile ebenfalls nicht mehr betriebsfähige Lok 58 3049 im Eisenbahnmuseum Schwarzenberg erhalten geblieben.

Personenzug-Tenderlokomotiven

Die nach der EDV-Umstellung unter der Nummer 065 008-5 registrierte Personenzugtenderlok entstand 1951 bei Krauss-Maffei in München. Die hier im Frühjahr 1971 nach dem Wasserfassen in Miltenberg abgelichtete Maschine wurde am 15. August 1972 im Bw Aschaffenburg außer Dienst gestellt.

6

Die Baureihe 62 wurde 1928 von der Firma Henschel für die Deutsche Reichsbahn-Gesellschaft (DRG) entwickelt. Es waren Zwillingsmaschinen, die in erster Linie vor schnellen Personen- und Eilzügen auf Flachlandstrecken mit Kopfbahnhöfen ohne Wendemöglichkeit zum Einsatz kommen sollten. Die sehr spurtstarken Loks waren aber auch vor leichten Schnellzügen auf Hügellandstrecken gut geeignet. Obwohl alle Lokomotiven bereits 1928 gebaut worden waren, nahm die DRG die Loks 62 003–015 erst 1932 ab. Gründe dafür waren der während der Wirtschaftskrise geringe Bedarf bei der Reichsbahn sowie der hohe Beschaffungspreis. Nach Kriegsende verblieben sieben Einheiten bei der DB, die bis 1956 als Splittergattung ausgemustert wurden. Acht Maschinen wurden von der DR bis 1972 eingesetzt. Lediglich die bis 1997 als Traditionslok einsatzfähige 62 015 ist im Eisenbahnmuseum Dresden-Altstadt erhalten geblieben.

BAUREIHE 62 (EINHEITSLOK)

Verwendungszweck	Personenzugtenderlokomotive
Erstes Baujahr	1928
Bauart	2`C 2`h2t
Spurweite	1435 mm
Länge über Puffer	17.140 mm
Dienstgewicht	123,6 t
Treib- und Kuppelraddurchmesser	1750 mm
Achslast	20,3 t
Höchstgeschwindigkeit	100 km/h
Leistung	1680 PSi
gefertigte Stückzahl	15 Stück

Nach dem Ersten Weltkrieg entsprachen viele Nebenbahnlokomotiven weder leistungsmäßig noch vom Alter her den aktuell gestellten Anforderungen. Im Typisierungsplan der neu gegründeten DRG war daher auch eine Tenderlok mit 15 t Achslast enthalten. Ab 1928 wurde die Baureihe 64 in Betrieb genommen. Teile des Triebwerkes und der Kessel wurden von der Baureihe 24 übernommen. Bis 1940 entstanden 520 Stück. Es waren sehr zuverlässige, einfache Zwillingsmaschinen mit 90 km/h Höchstgeschwindigkeit, die sowohl auf allen Nebenstrecken als auch auf Hauptbahnen eingesetzt werden konnten. Zur DB gelangten 275, zur DR 129 Maschinen, die bis Mitte der 1970er Jahre sämtlich abgestellt wurden.

Verwendungszweck	Personenzugtenderlokomotive
Erstes Baujahr	1928
Bauart	1`C 1` h2t
Spurweite	1435 mm
Länge über Puffer	12.400 mm
Dienstgewicht	75,2 t
Treib- und Kuppelraddurchmesser	1500 mm
Achslast	15,3 t
Höchstgeschwindigkeit	90 km/h
Leistung	950 PSi
gefertigte Stückzahl	520 Stück

Die Personenzugtenderlok 64 007 entstand 1928 in der Lokomotivfabrik Borsig und war bis 1942 in mehreren Bahnbetriebswerken im westlichen Niedersachsen stationiert. Am 1. Dezember 1942 kam sie zum Bw Waren/Müritz und blieb seither überwiegend in Mecklenburg. Ihren letzten Einsatz hatte die Maschine am 1. April 1971 beim Bw Stendal. Im Bw Güstrow wurde die Lok bis 1988 betriebsfähig vor Sonderzügen eingesetzt. Da ein Kesseltausch nicht zustandekam, konnte die Lok seither nicht mehr in Betrieb genommen werden. Hier ist sie in Röbel zu sehen.

Lok 64 491 wurde 1940 bei Orenstein & Koppel gebaut. Bis zur Ausmusterung im Bw Crailsheim am 18. September 1974 war sie in zahlreichen Betriebswerken stationiert. Seit 1993 ist die von der Dampfbahn Fränkische Schweiz e.V. (DFS) erworbene Lokomotive betriebsfähig. Die Lok ist mit Indusi und Zugbahnfunk ausgerüstet und kann so auch auf Strecken der DB eingesetzt werden.

Die DB-Neubaulok der Baureihe 65 war dazu ausersehen, als Personenzugtenderlok im schweren Vorort- und Berufsverkehr großer Städte, aber auch im gemischten Dienst eingesetzt zu werden. Dafür war gute Beschleunigung erforderlich, die durch den relativ kleinen Treibraddurchmesser von 1500 mm auch erreicht wurde. Die bereits von der DRG vorgesehene Tenderlokomotive sollte vor allem die überalterte Baureihe 93 ablösen. Infolge des Strukturwandels kam es dazu nicht mehr. Während die ersten Maschinen noch mit Oberflächenvorwärmern ausgerüstet waren, erhielten die erheblich teureren Loks der zweiten von Krauss-Maffei gelieferten Serie Mischvorwärmer. Einige wurden mit einer Steuereinrichtung für den Wendezugbetrieb ausgerüstet. Es waren zuverlässige Maschinen, deren universelle Einsatzmöglichkeiten aufgrund ihrer etwas knapp bemessenen Betriebsvorräte eingeschränkt waren. Bereits 1966 begann die Ausmusterung der ersten Lokomotiven, die bis April 1973 abgeschlossen war. Lediglich die Lok 65 018 ist bei der Stoom Stichting Nederland (SSN) erhalten geblieben.

Die von 1951 bis 1956 in nur 18 Einheiten beschafften DB-Neubauloks der Baureihe 65 erreichten gerade einmal ein Lebensalter von 20 Dienstjahren. Die letzten Maschinen wurden im Bw Aschaffenburg, dem Auslauf-Bw für diese Baureihe, zusammengezogen. An einem noch kalten Aprilmorgen des Jahres 1971 hat die Lok 065 001 mit einem langen Personenzug Ausfahrt aus dem Bahnhof Miltenberg in Richtung Aschaffenburg. Am 15. Dezember 1971 erfolgte die Ausmusterung.

BAUREIHE 65 (NEUBAU DB)

Verwendungszweck	Personenzugtenderlokomotive
Erstes Baujahr	1951
Bauart	1`D 2` h2t
Spurweite	1435 mm
Länge über Puffer	15.475 mm
Dienstgewicht	107,6 t
Treib- und Kuppelraddurchmesser	1500 mm
Achslast	16,9 t
Höchstgeschwindigkeit	85 km/h
Leistung	1480 PSi
gefertigte Stückzahl	18 Stück

Baureihe 65^{10} (Neubau DR)

Auch die Deutsche Reichsbahn der DDR schuf nach dem Krieg eine neue Tenderlokomotive für den Berufsverkehr. Die von 1954 bis 1957 in 88 Einheiten wesentlich zahlreicher als ihr DB-Pendant beschaffte Lokomotive der Baureihe 65^{10} war eine sehr gelungene Konstruktion. Sieben weitere Maschinen erhielten die Leuna-Werke. Ein geschweißter Hochleistungskessel, Mischvorwärmer und große Betriebsvorräte waren die besonderen Merkmale dieser Lokomotiven, mit denen der Betriebsmaschinendienst sehr zufrieden war. Zur besseren Feueranfachung erhielten 1967 alle Maschinen der Baureihe einen Giesl-Flachschornstein. Einige Loks erhielten Wendezugsteuerung. Vielfach eingesetzt wurden sie mit schweren Doppelstock-Gliederzügen im Berufs- und Vorortverkehr der großen Städte. Anfang 1977 lichtete sich der Bestand zusehends, und bis 1982 waren alle ausgemustert. Zum Schluss dienten einige als Heizlokomotiven. Drei Exemplare, darunter die bis zum Fristablauf 2011 betriebsfähige Lok 65 1049, sind erhalten geblieben, aber derzeit nicht betriebsfähig.

Lok 65 1057 vor dem Personenzug P 8669 beim Halt im Bahnhof Pasewalk. Die Lokomotive war bis zum 18. Oktober 1998 betriebsfähig und wird heute von den Berliner Eisenbahnfreunden e.V. im Standort Basdorf gehegt und gepflegt, die sich mühen, die Maschine in absehbarer Zeit wieder in einsatzfähigen Zustand zurückzuversetzen.

Die DR-Neubaulokomotive 65 1049 wurde 1956 vom VEB Lokomotivbau „Karl Marx“ in Babelsberg hergestellt. Nach einer kurzen Stationierungsphase im Bw Dresden-Altstadt verbrachte die Maschine ihre hauptsächliche Einsatzzeit bei den Bw Gera und Arnstadt. Von 1977 bis zu ihrer Z-Stellung (Zurückstellung) im April 1980 war sie im Bw Saalfeld beheimatet. 1982 erhielt sie als Traditionslokomotive der Deutschen Reichsbahn eine einsatzverlängernde Untersuchung. Die Lok wird seit 1999 vom Förderverein Bw Arnstadt betreut. Hier sehen wir sie vor dem P 6402 in schneller Fahrt in der Nähe von Haldensleben.

BAUREIHE 65^{10} (NEUBAU DR)

Verwendungszweck	Personenzugtenderlokomotive
Erstes Baujahr	1954
Bauart	1`D 2` h2t
Spurweite	1435 mm
Länge über Puffer	17.500 mm
Dienstgewicht	121,7 t
Treib- und Kuppelraddurchmesser	1600 mm
Achslast	17,5 t
Höchstgeschwindigkeit	90 km/h
Leistung	1500 PSi
gefertigte Stückzahl	88 Stück

Die nur in zwei Exemplaren gebaute Personenzugtenderlok der Baureihe 66 war als DB-Neubaulok für die Beförderung von Eil- und Personenzügen und für den Eilgüterzugdienst auf Haupt- und Nebenstrecken vorgesehen. Es war eine sehr gelungene, leistungsstarke Universalmaschine, mit der gleich mehrere noch aus der Länderbahnzeit stammende Baureihen abgelöst werden sollten. Der schneller als erwartet eintretende Wandel in der Zugförderung und die verstärkte Beschaffung von Dieselloks machte dieses Vorhaben jedoch zunichte. Daher blieb es bei diesen beiden 1955 gebauten Mustermaschinen.

Die Lokomotiven waren nicht nur mit allen Errungenschaften moderner Dampfloktechnik, sondern auch mit einem vollkommen geschlossenen Führerhaus mit Fußbodenheizung und gepolsterten Sitzen mit Rückenlehne ausgerüstet. Während die 66 001 wegen eines kapitalen Triebwerkschadens bereits im Oktober 1966 abgestellt und später verschrottet wurde, ging ihre Baureihenschwester im März 1968 aufs Altenteil. Sie kann derzeit als nicht betriebsfähiges Ausstellungsstück im Eisenbahnmuseum Bochum-Dahlhausen besichtigt werden.

BAUREIHE 66 (NEUBAU DB)

Verwendungszweck	Personenzugtenderlokomotive
Erstes Baujahr	1955
Bauart	1`C 2` h2t
Spurweite	1435 mm
Länge über Puffer	14.750 mm
Dienstgewicht	93,4 t
Treib- und Kuppelraddurchmesser	1600 mm
Achslast	15,8 t
Höchstgeschwindigkeit	100 km/h
Leistung	1170 PSi
gefertigte Stückzahl	2 Stück

Zu Beginn des 20. Jahrhunderts reichten die seit 1895 beschafften zweifach gekuppelten Personenzugtenderloks für den stark expandierenden Vorortverkehr Berlins und den Frankfurter Raum nicht mehr aus. Daher beschafften die Preußischen Staatsbahnen seit 1902 die Gattung T 12 als dreifach gekuppelte Tenderlok. Die Maschinen hatten eine gute Beschleunigung und waren in beiden Fahrtrichtungen gleich schnell. Allein im Raum Berlin waren von den insgesamt 1014 gebauten Maschinen 547 Loks zu finden. Sie war das Rückgrat des Nahverkehrs der Millionenmetropole, und erst die Elektrifizierung der Vorortnetze ließ ihren Stern sinken. Sie wurde in den Rangier- und Nebenbahndienst zurückgezogen. .
Am Ende des Krieges war der Bestand auf weniger als die Hälfte geschrumpft. 84 Loks verblieben bei der PKP und wurden als Baureihe Oki 2 eingesetzt. Bei den deutschen Bahnverwaltungen war die Ausmusterung 1968 beendet. Die 1916 in den Borsig-Werken gebaute Lok 74 1230 gehört zu den drei erhaltenen. Sie war nach der Ausmusterung noch etliche Jahre vor Sonderzügen im Einsatz, ist jetzt aber kalt im Bw Berlin-Schöneweide abgestellt. Das Bild oben zeigt die Lok am 6. Dezember 1991 im Bw Wustermark, während das untere Foto am 7. Juni 1980 noch zu DDR-Zeiten im Bw Glauchau entstanden ist.

BAUREIHE 74^{4-12} (PREUSSISCHE T 12)

Verwendungszweck	Personenzugtenderlokomotive
Erstes Baujahr	1902
Bauart	1` C h2t
Spurweite	1435 mm
Länge über Puffer	11.800 mm
Dienstgewicht	67,2 t
Treib- und Kuppelraddurchmesser	1500 mm
Achslast	17,7 t
Höchstgeschwindigkeit	80 km/h
Leistung	870 PSi
gefertigte Stückzahl	1014 Stück

Baureihe 75^4 (badische VI c)

Die Loks der Gattung VI c waren Personenzugtenderloks der Badischen Staatsbahnen, die zwischen 1914 und 1921 in insgesamt 135 Einheiten überwiegend von der Maschinenbaugesellschaft Karlsruhe hergestellt wurden. 28 Stück mussten nach dem Ersten Weltkrieg als Reparationsleistungen an die Siegermächte abgeliefert werden. Die restlichen 107 Lokomotiven übernahm die DRG und reihte sie als Baureihe 754 ein. Es waren recht schnelle, leistungsstarke Maschinen, die auch außerhalb Badens eingesetzt wurden.
Nach Kriegsende übernahm die DB 66 Maschinen, die bis 1967 sämtlich außer Dienst gestellt wurden. Als letzte Lok schied am 14. April 1967 die Lok 75 1118 im Bw Radolfzell aus. Bei der DDR-Reichsbahn verblieben 29 Stück. Sie wurden bis 1970 ausgemustert. Die 1921 entstandene 75 1118 war zunächst Museumsstück, bevor sie 1988 in die Hände der Ulmer Eisenbahnfreunde (UEF) überging. Sie wurde im DLW Meiningen betriebsfähig aufgearbeitet und unternimmt seither Sonderfahrten.

BAUREIHE 75^4 (BADISCHE VI C)

Verwendungszweck	Personenzugtenderlokomotive
Erstes Baujahr	1914
Bauart	1`C 1` h2t
Spurweite	1435 mm
Länge über Puffer	12.700 mm
Dienstgewicht	76,2 t
Treib- und Kuppelraddurchmesser	1600 mm
Achslast	16,5 t
Höchstgeschwindigkeit	90 km/h
Leistung	790 PSi
gefertigte Stückzahl	135 Stück

Auch die Sächsische Staatsbahn beschaffte vor dem Ersten Weltkrieg eine 1`C 1`-Personenzugtenderlok. Von 1911 bis 1921 lieferte die Sächsische Maschinenfabrik in Chemnitz in drei Baulosen insgesamt 106 Lokomotiven der Gattung XIV HT, die für den gemischten Dienst auf Haupt- und Nebenbahnen vorgesehen waren. Nach Reparationsabgaben verblieben 83 Lokomotiven in Deutschland, die sämtlich von der DRG als Baureihe 755 übernommen wurden. Die nach Kriegsende vorhandenen Maschinen kamen bei der DDR-Reichsbahn wieder in Fahrt. Ihr Haupteinsatzgebiet waren die Strecken im sächsischen Raum, wobei sich ab 1966 das Bw Karl-Marx-Stadt-Hilbersdorf als Einsatzzentrum mit mehr als 20 Maschinen herausbildete. Ende der 1960er Jahre waren alle Loks abgestellt. Zwei Stück blieben erhalten, darunter die 1977 von der DDR gegen Devisen in den Westen verkaufte Lok 75 501. Sie ist im Deutschen Dampflokmuseum (DDM) in Neuenmarkt-Wirsberg ausgestellt.

BAUREIHE 75^5 (SÄCHSISCHE XIV HT)

Verwendungszweck	Personenzugtenderlokomotive
Erstes Baujahr	1911
Bauart	1`C 1` h2t
Spurweite	1435 mm
Länge über Puffer	12.415 mm
Dienstgewicht	79,4 t
Treib- und Kuppelraddurchmesser	1590 mm
Achslast	16,6 t
Höchstgeschwindigkeit	75 km/h
Leistung	990 PSi
gefertigte Stückzahl	106 Stück

Baureihe 78 (preußische T 18)

Den Abschluss der Entwicklung von Personenzugtenderlokomotiven bildete in Preußen der Bau der Gattung T 18. Die Zweizylinderloks waren mit ihrer Achsfolge 2`C 2`exakt symmetrisch ausgeführt. Mit ihren verhältnismäßig großen Treibrädern von 1650 mm konnten sie zunächst auf 90 und später auf 100 km/h in beiden Fahrtrichtungen zugelassen werden. Mit dieser Geschwindigkeit konnten die Maschinen einen 350-t-Zug in der Ebene befördern. Dank der großen Laufruhe sind auch höhere Geschwindigkeiten, etwa beim Einfahren von Verspätungen, verbürgt. Insgesamt gesehen war die T 18 die wohl beste und erfolgreichste Personenzugtenderlok aller deutschen Länderbahnen. In ihrer Langlebigkeit übertraf sie fast alle späteren Neukonstruktionen. Zur DB kamen nach 1945 insgesamt 424 der von der DRG als Baureihe 78 bezeichneten Fahrzeuge, während bei der DDR-Reichsbahn lediglich 53 Stück verblieben. Am 31. Dezember 1974 musterte die DB ihre letzte Maschine aus. Hier sehen wir die 078 453 vor einem Personenzug zwischen Tübingen und Horb.

BAUREIHE 78 (PREUSSISCHE T 18)

Verwendungszweck	Personenzugtenderlokomotive
Erstes Baujahr	1912
Bauart	2`C 2` h2t
Spurweite	1435 mm
Länge über Puffer	14.800 mm
Dienstgewicht	106 t
Treib- und Kuppelraddurchmesser	1650 mm
Achslast	17,3 t
Höchstgeschwindigkeit	100 km/h
Leistung	1140 PSi
gefertigte Stückzahl	534 Stück

Die ehemals preußische Personenzugtenderlok 078 246 war für rund eineinhalb Jahre die letzte noch im Einsatz bei der DB befindliche Maschine ihrer Gattung. Sie wurde erst am 31. Dezember 1974 im Bw Rottweil abgestellt. Hier präsentiert sich im Frühjahr 1969 die gerade erst vom Bw Hamburg-Altona zum Bw Aalen umstationierte Lokomotive auf der Drehscheibe ihrer neuen Heimatdienststelle. Seit Oktober 1961 war die Baureihe 78 im Bw Aalen heimisch, das damit zum wichtigsten Zentrum dieser Reihe in der BD Stuttgart wurde. Die Lokomotiven waren mit dem größten Teil der Eil- und Personenzugleistungen in dieser Region gut ausgelastet. Tägliche Laufleistungen von 280 Kilometern und mehr waren keine Seltenheit.

Am frühen Morgen des 4. Mai 1974 machte sich die 078 246 vor dem langen Personenzug P 3924 (Laufweg Rottweil – Tübingen) auf der Gäubahn in der Nähe von Altoberndorf nützlich. Zu dieser Zeit wurde diese letzte DB-78 als „Mädchen für alles" für fast alle anfallenden Dienste und Einsatzpläne verwendet. Diesen Ansprüchen konnte diese Universallokomotive auch vollkommen gerecht werden.

Güterzug-Tenderlokomotiven

Die 1942 von der Deutschen Waffen- und Munitionsfabrik (DWW) in Posen gefertigte Lokomotive 86 457 blieb nach Kriegsende bei der DB. Am 15. August 1972 wurde die Maschine im Bw Nürnberg-Rbf ausgemustert und bis 1984 als Denkmallok in Trier aufgestellt. Aus Anlass des 150-Jahre-Eisenbahn-Feiern erfolgte die betriebsfähige Aufarbeitung. Nach Erreichen der Fahrwerksfrist im Dezember 2000 war die Lok im Bw Nürnberg-Gostendorf hinterstellt, wo sie 2005 neben zahlreichen anderen wertvollen Exponaten durch ein Großfeuer schwer beschädigt wurde. Seit 2011 ist die Lok optisch wieder aufgearbeitet, aber nicht betriebsfähig.

86 457
RÜBEZAHL

Baureihe **80** (Einheitslok)

Die ab 1927 von der DRG beschafften Lokomotiven der Baureihe 80 waren für den Rangierdienst auf großen Personenbahnhöfen vorgesehen. Die Heißdampfloks sollten die noch zahlreich vorhanden unwirtschaftlicheren Nassdampflokomotiven ersetzen. Die ersten der von verschiedenen Herstellern gelieferten Exemplare wurden in Köln und Leipzig eingesetzt. Im Leipziger Raum verblieben nach Kriegsende die meisten der Lokomotiven. Sie wurden bis 1968 bei der DR ausgemustert. Die DB verfügte nur über 17 Maschinen, deren letzte bis 1965 beim Bw Schweinfurt im Einsatz standen. Verschiedene DB-Loks gingen als Werkslokomotiven an Bergbaubetriebe an Rhein und Ruhr. Dazu gehörte auch die 1929 als letztgebautes Exemplar dieser Baureihe entstandene Lok 80 039, die noch lange von der Ruhrkohle AG in Bönen eingesetzt wurde und sich bis heute im Besitz der Hammer Eisenbahnfreunde befindet. Hier im Jahr 2003 bei einer Sonderfahrt in Münster.

Lokomotive 80 030 blieb ebenfalls erhalten. Sie steht optisch aufgearbeitet aber nicht betriebsfähig im Eisenbahnmuseum Bochum-Dahlhausen. Die Lackierung erfolgte im hellgrau-schwarzen DRG-Anstrich, den manche Lokomotiven werksseitig zur fotografischen Dokumentation vor der Ablieferung erhielten.

BAUREIHE 80 (EINHEITSLOK)

Verwendungszweck	Güterzugtenderlokomotive
Erstes Baujahr	1928
Bauart	C h2t
Spurweite	1435 mm
Länge über Puffer	9670 mm
Dienstgewicht	54,4 t
Treib- und Kuppelraddurchmesser	1100 mm
Achslast	18,2 t
Höchstgeschwindigkeit	45 km/h
Leistung	575 PSi
gefertigte Stückzahl	39 Stück

Schon die DRG hatte eine fünffach gekuppelte Güterzugtenderlok für den schweren Rangierdienst vorgesehen. Die auch für den Streckendienst taugliche Maschine sollte die robuste und zuverlässige, mittlerweile aber überalterte und nicht mehr zeitgemäße Baureihe 945 (preußische T 161) ersetzen. Zwischen 1950 und 1955 lieferten drei Fabriken insgesamt 41 Einheiten der im Neubauprogramm enthaltenen Baureihe 82 an die DB. Da man bei der Konstruktion der Loks hinsichtlich ihres unterschiedlichen Anforderungsprofils zu Kompromissen gezwungen war, lagen die Verbrauchswerte höher als bei der Baureihe 945. Ansonsten zeigten sich die Maschinen ihrer Vorgängerin in allen Disziplinen weit überlegen. Die Baureihe 82 war in der Lage, einen 800-t-Zug in der Ebene mit 70 km/h zu befördern. Gemäß ihrem Verwendungszweck waren die Lokomotiven dieser Baureihe hauptsächlich in den Bw Emden und Hamburg-Wilhelmsburg im Verschub- und Übergabedienst eingesetzt. Im Frühjahr 1972 schied die letzte Lok aus dem Dienst. Kurioserweise standen zu der Zeit aber noch rund 30 Loks der Baureihe 945 im Einsatz.

BAUREIHE 82 (NEUBAU DB)

Verwendungszweck	Güterzugtenderlokomotive
Erstes Baujahr	1950
Bauart	E h2t
Spurweite	1435 mm
Länge über Puffer	14.060 mm
Dienstgewicht	91,8 t
Treib- und Kuppelraddurchmesser	1400 mm
Achslast	18,9 t
Höchstgeschwindigkeit	70 km/h
Leistung	1290 PSi
gefertigte Stückzahl	41 Stück

Baureihe 86 (Einheitslok)

Die Güterzugtenderlok der Baureihe 86 war als Universallokomotive für den gemischten Dienst auf stark befahrenden Nebenstrecken im Typenprogramm der DRG vorgesehen. Diese vielfältigen Aufgabengebiete sollten von einer 1`D 1`-Maschine mit 15 t Achslast bewältigt werden. Zwischen 1928 und 1943 entstanden insgesamt 775 Maschinen, an deren Bau sich zahlreiche Lokomotivhersteller beteiligten. Damit gehört die Baureihe 86 nach den Lokreihen 44, 50 und 52 zu jenen Lokomotiven, die von der DRG am häufigsten beschafft wurden. Durch Veränderung der Laufachsen konnte ab der Betriebsnummer 86 293 die Höchstgeschwindigkeit von 70 auf 80 km/h heraufgesetzt werden. Trotz zahlreicher Kriegsverluste zählte man 1945 in den westlichen Besatzungszonen noch 386 Exemplare, während 173 Stück bei der Deutschen Reichsbahn verblieben. Die zuletzt vor allem im Raum Nürnberg/Hof eingesetzten DB-Loks wurden bis 1974 ausgemustert. Bei der DR dauerte es bis 1989, ehe auf die letzten 86er verzichtet werden konnte. Hier sehen wir die 1932 von den Berliner Borsig-Werken gefertigte 86 049 vor einem Sonderzug im Jahr 1991. Die optisch aufgearbeitete Lok gehört heute dem Verein Sächsischer Eisenbahnfreunde (VSE).

Die seit Umzeichnung auf das EDV-System im Jahr 1970 als 86 1049 geführte ehemalige 86 049 ist die älteste noch erhaltene Maschine der Baureihe. Am 3. Oktober 1991 machte sich die Lok vor einem Sonderzug nützlich und ist vor der Kulisse des Ortes Cunewalde in der Lausitz zu sehen.

BAUREIHE 86 (EINHEITSLOK)

Verwendungszweck	Güterzugtenderlokomotive
Erstes Baujahr	1928
Bauart	1`D 1` h2t
Spurweite	1435 mm
Länge über Puffer	13.820 mm
Dienstgewicht	88,5 t
Treib- und Kuppelraddurchmesser	1400 mm
Achslast	15,6 t
Höchstgeschwindigkeit	70 km/h (ab 86 293: 80 km/h)
Leistung	1030 PSi
gefertigte Stückzahl	775 Stück

Baureihe 89^{70} (preußische T 3)

Die Maschinen der Gattung T 3 zählen ohne Zweifel zu den populärsten deutschen Dampflokomotiven. Allein die Preußische Staatsbahn beschaffte von 1882 bis 1910 in mehreren Baulosen insgesamt 1345 Stück. Die mit drei Kuppelradsätzen ausgebildeten Lokomotiven traten die Nachfolge der Zweikuppler an, die für die Dienste auf Nebenbahnen und Verschiebebahnhöfen nicht mehr ausreichten. Mit dieser einfachen und robusten Konstruktion war eine Lokomotive entstanden, die nicht nur bei Staats- sondern auch bei vielen Privatbahnen über Jahrzehnte hinweg auf Nebenstrecken und im Rangierdienst unentbehrlich blieb. Im DRG-Nummernplan von 1925 waren noch 469 der jetzt unter der Baureihenbezeichnung 8970 eingeordneten Maschinen enthalten. Nach 1945 waren noch rund 100 Loks bei beiden Bahnverwaltungen im Dienst. Die DB musterte die letzte T 3 im Jahr 1964 aus, während bei der DR noch bis 1969 Loks des Typs im Betrieb waren. Die 1910 gebaute Lok 89 7159 gehörte 1971 zu den ersten betriebsfähig erhaltenen Maschinen der Gattung und ist heute noch aktiv in der Museumsszene.

BAUREIHE 89^{70} (PREUSSISCHE T 3)

Verwendungszweck	Güterzugtenderlokomotive
Erstes Baujahr	1882
Bauart	C n2t
Spurweite	1435 mm
Länge über Puffer	8591 mm
Dienstgewicht	31,9 t
Treib- und Kuppelraddurchmesser	1100 mm
Achslast	12 t
Höchstgeschwindigkeit	40 km/h
Leistung	290 PSi
gefertigte Stückzahl	1345 Stück

Baureihe 89⁶² (preußische T 3/Umbau DR)

Um die Reichweite der T 3 für längere Distanzen zu vergrößern, wurden einige DR-Maschinen der früheren Oderbruchbahn ab 1953 mit Schlepptendern ausgerüstet. Die meisten dieser Loks erhielten dreiachsige Tender mit 12 m³ Wasservorrat. Dazu zählte auch die 1902 bei der Firma Humboldt in Cöln-Kalk (Cöln wie Coblenz damals mit C) als T 3 Berlin 1808 und späterer 89 7403 entstandene 89 6009, die 1971 den Status einer Traditionslokomotive erhielt. Die zuletzt im Bw Wriezen stationierte Lokomotive ist erhalten geblieben, derzeit aber nicht betriebsfähig.

BAUREIHE 89^{62} (PREUSSISCHE T 3/UMBAU DR)

Verwendungszweck	Güterzugtenderlokomotive
Erstes Baujahr	1882 (Umbau ab 1953)
Bauart	C n2
Spurweite	1435 mm
Länge über Puffer	14.368 mm
Dienstgewicht	43,65 t
Treib- und Kuppelraddurchmesser	1100 mm
Achslast	12 t
Höchstgeschwindigkeit	40 km/h
Leistung	290 PSi
gefertigte Stückzahl	4 Stück

Auch in Bayern wandte man sich kurz vor der Jahrhundertwende dem Bau einer dreifach gekuppelten Tenderlokomotive für den Rangier- und Verschubdienst zu. Ab 1898 lieferten die Hersteller Maffei und Krauss bis zum Jahr 1904 zunächst 72 Lokomotiven der Type D II an die Bayerische Staatsbahn. Drei weitere Bauserien der nach kleinen Änderungen nun als R 3/3 bezeichneten Fahrzeuge kamen bis 1923 hinzu. Die DRG übernahm fast alle Lokomotiven der Gattungen D II und R 3/3. Auch nach 1945 waren noch fast alle Maschinen vorhanden. Im April 1960 musterte die DB ihre beiden letzten Exemplare aus. Mehrere Maschinen verdienten sich anschließend noch ihr Gnadenbrot als Werkslokomotiven in verschiedenen Ausbesserungswerken. Lok 89 801, eine erst im Dezember 1964 ausgemusterte 3/3, blieb erhalten und befindet sich nach einem Brandschaden wieder in einem optisch aufgearbeiteten Zustand.

BAUREIHE 89^8 (BAYERISCHE R 3/3)

Verwendungszweck	Güterzugtenderlokomotive
Erstes Baujahr	1921
Bauart	C n2t
Spurweite	1435 mm
Länge über Puffer	9974 mm
Dienstgewicht	47,6 t
Treib- und Kuppelraddurchmesser	1216 mm
Achslast	15,9 t
Höchstgeschwindigkeit	45 km/h
Leistung	430 PSi
gefertigte Stückzahl	90 Stück

Baureihe 91^{0-1} (preußische T 9^2)

Unter der Gattungsbezeichnung T 9^2 beschaffte die Preußische Staatsbahn zwischen 1892 und 1900 insgesamt 235 Güterzugtenderlokomotiven mit der Achsfolge 1´C. Am Bau dieser in mehreren Losen beschafften Maschinen beteiligten sich fünf Lokomotivfabriken. Leider konnten die Fahrzeuge aus verschiedenen Gründen im Betriebsdienst nie vollkommen befriedigen, sodass die DRG nur 115 Lokomotiven als Baureihe 91^{0-1} übernahm. Nach Kriegsende waren in beiden deutschen Bahnverwaltungen noch einige wenige Einheiten vorhanden. Davon schieden bereits 1953 die letzten DB-Maschinen aus, während bei der DR der Einsatz dieser Baureihe noch bis 1966 andauerte. Die Reichsbahnlok 91 134 blieb erhalten und ist unter der Regie der Mecklenburgischen Eisenbahnfreunde in Schwerin seit Mitte 2009 wieder betriebsfähig.

BAUREIHE 91^{0-1} (PREUSSISCHE T 92)

Verwendungszweck	Güterzugtenderlokomotive
Erstes Baujahr	1892
Bauart	1`C n2t
Spurweite	1435 mm
Länge über Puffer	10.650 mm
Dienstgewicht	52,5 t
Treib- und Kuppelraddurchmesser	1350 mm
Achslast	14,7 t
Höchstgeschwindigkeit	60 km/h
Leistung	460 PSi
gefertigte Stückzahl	235 Stück

Für den gemischten Dienst auf kürzeren Hauptstrecken und wichtigen Nebenstrecken gab im Jahr 1914 die Preußische Staatsbahn die leistungsstarke 1`D 1` Tenderlok der Gattung T 14 in Auftrag. Bis 1918 beschaffte Preußen insgesamt 562 Lokomotiven, weitere Maschinen gingen an die Saarbahnen und zu den Reichseisenbahnen Elsaß-Lothringen. Die Achslastverteilung war recht unglücklich gewählt, denn die zu stark belastete vordere Laufachse übertraf mit ihrem Wert von 17,3 t sogar noch den der Treib- und Kuppelachsen. Zur Deutschen Reichsbahn-Gesellschaft gelangten noch 406 Einheiten der als Baureihe 93^{0-3} bezeichneten Lokomotiven und in späteren Jahren weitere 53 Stück von anderen Bahnverwaltungen. Die DB musterte ihre letzten Maschinen bis 1960 aus, während bei der DR auf diese Baureihe bis Ende 1971 noch nicht verzichtet werden konnte. Die Lok 93 230 ist als Traditionslok erhalten geblieben.

BAUREIHE 93^{0-3} (PREUSSISCHE T 14)

Verwendungszweck	Güterzugtenderlokomotive
Erstes Baujahr	1914
Bauart	1`D 1` h2t
Spurweite	1435 mm
Länge über Puffer	13.800 mm
Dienstgewicht	97,6 t
Treib- und Kuppelraddurchmesser	1350 mm
Achslast	16,9 t
Höchstgeschwindigkeit	65 km/h
Leistung	1000 PSi
gefertigte Stückzahl	562 Stück

Baureihe 93^{5-12} (preußische T 14[1])

Die preußische Gattung T 14[1] und spätere DRG-Baureihe 93^{5-12} war die seit 1919 gebaute und mit größeren Vorräten ausgestattete Nachfolgerin der Gattung T 14. Es war eine schwere Güterzugtenderlok mit Zwillingstriebwerk, die bis 1924 in genau 768 Einheiten entstand. Nach Kriegsende verblieben 435 Maschinen in den Westzonen, während die Reichsbahn mit 133 Lokomotiven vorlieb nehmen musste. Abgebildet ist die Lok 93 836, die noch kurz vor ihrer Ausmusterung in das 1968 entstandene EDV-Nummernverzeichnis der DB aufgenommen wurde. Als letzte DB-Lokomotive musterte man am 11. Dezember 1968 die 093 526 aus.

BAUREIHE 93^{5-12} (PREUSSISCHE T 141)

Verwendungszweck	Güterzugtenderlokomotive
Erstes Baujahr	1918
Bauart	1`D 1` h2t
Spurweite	1435 mm
Länge über Puffer	14.500 mm
Dienstgewicht	101 t
Treib- und Kuppelraddurchmesser	1350 mm
Achslast	17,9 t
Höchstgeschwindigkeit	70 km/h
Leistung	1000 PSi
gefertigte Stückzahl	768 Stück

Die Lok 94 1538 wurde bis 2012 auf der Rennsteigbahn eingesetzt, musste aber im gleichen Jahr wegen eines Kesselschadens außer Betrieb genommen werden. Um erneute Inbetriebnahme wird sich bemüht.

Der Einsatz der Baureihe 94⁵ erfolgte bei der DR häufig auf den Steilrampen des Thüringer Waldes. Hier ist die Lok 94 1292 am 10. Februar 1980 mit einem planmäßigen Personenzug auf dem steilsten, früher mit Zahnstange betriebenen Rampenabschnitt zwischen Stützerbach und dem Bahnhof Rennsteig zu sehen. Die Lok muss sich gehörig anstrengen, um ihre verhältnismäßig geringe Wagenlast über die bis zu 61,2 Promille starke Steigung zu bringen. Für den Rampendienst wurde diese bis heute erhaltene Maschine mit einer Riggenbach-Gegendruckbremse ausgerüstet.

BAUREIHE 94⁵ (PREUSSISCHE T 161)

Verwendungszweck	Güterzugtenderlokomotive
Erstes Baujahr	1914
Bauart	E h2t
Spurweite	1435 mm
Länge über Puffer	12.660 mm
Dienstgewicht	84,9 t
Treib- und Kuppelraddurchmesser	1350 mm
Achslast	17,2 t
Höchstgeschwindigkeit	60 km/h
Leistung	1070 PSi
gefertigte Stückzahl	1236 Stück

Baureihe 95 (preußische T 20)

Die schweren Güterzugtenderlokomotiven der DRG-Baureihe 95 gehörten zweifelsohne zu den größten und eindrucksvollsten Maschinen auf deutschen Schienensträngen. Da die Lok noch in der letzten Zeit der Preußischen Staatsbahn entstand, wurde sie auch als preußische Gattung T 20 bezeichnet. Mit dieser in 45 Einheiten gebauten 1`E 1`-Maschine war die bislang schwerste und stärkste Hauptbahn-Tenderlokomotive entstanden. Die als Zwillingslok konstruierte Maschine sollte überwiegend Zug- und Schiebedienste auf den langen Steigungen der Mittelgebirgsstrecken verrichten. Da sie in der Lage war, Neigungen von bis zu 70 Promille zu bewältigen, löste sie nicht wenige Zahnradlokomotiven ab. Wichtige Einsatzgebiete dieser schon bald als „Bergkönigin" bekannt werdenden Maschine waren die Steilstrecken im Thüringer- und Frankenwald, die Spessartrampe, die Geislinger Steige und die Rübelandbahn im Harz. Im Einsatz erfüllten sie alle Erwartungen. Hier verlässt die im Bw Probstzella beheimatete 95 1027 mit dem Personenzug P 15209 den Bahnhof Lichte in Richtung Lauscha.

BAUREIHE 95 (PREUSSISCHE T 20)

Verwendungszweck	Güterzugtenderlokomotive
Erstes Baujahr	1922
Bauart	1`E 1` h2t
Spurweite	1435 mm
Länge über Puffer	15.100 mm
Dienstgewicht	12,4 t
Treib- und Kuppelraddurchmesser	1400 mm
Achslast	19,5 t
Höchstgeschwindigkeit	65 km/h
Leistung	1620 PSi
gefertigte Stückzahl	45 Stück

An einem Maitag des Jahres 1980 hat die ölgefeuerte Lokomotive 95 0027 mit einem Güterzug von Saalfeld kommend den Bahnhof Lauscha erreicht. Nach dem Krieg blieben 31 Lokomotiven bei der DR, wovon 24 auf Ölhauptfeuerung umgerüstet wurden. Erst 1981 wurden die letzten Einheiten beim Bw Probstzella abgestellt. Hauptgrund für die verfrühte Außerdienststellung dieser mächtigen Lokomotiven war der in der DDR aufgetretene schwere Ölmangel der frühen 1980er Jahre.

Die Lokomotive 95 1016 des Bw Saalfeld steht abfahrbereit mit einem in seiner Länge den topografischen Verhältnissen dieser bergigen Region angepassten kurzen Güterzug im Bahnhof Probstzella. Noch ein kurzes Dienstgespräch zwischen Meister und Aufsichtsbeamtin, dann geht es mit dem für die preußischen Lokomotiven typischen hellen Pfeifkonzert und guter Beschleunigung auf die Strecke.

Baureihe 97^5 (württembergische Hz) / Baureihe 98^0 (sächsische I TV)

BAUREIHE 97^5 (WÜRTTEMBERGISCHE HZ)	
Verwendungszweck	Zahnradlokomotive
Erstes Baujahr	1923
Bauart	3 - E h2t (4v)
Spurweite	1435 mm
Länge über Puffer	11.870 mm
Dienstgewicht	74,9 t
Treib- und Kuppelraddurchmesser	1150 mm
Achslast	15 t
Höchstgeschwindigkeit	50 km/h
Leistung	850 PSi
gefertigte Stückzahl	4 Stück

Für die Steilstrecke von Honau nach Lichtenstein ließ die Württembergische Staatsbahn die schweren Zahnradlokomotiven der Gattung Hz von der Maschinenfabrik Esslingen entwickeln. Die Ablieferung der vier Maschinen erfolgte unter der Baureihenbezeichnung 975 in den Jahren 1923 bis 1925 direkt an die DRG. Es waren die stärksten deutschen Zahnradloks, die zwischen 1956 und 1962 ausgemustert wurden. Zahnrad-Schienenbusse brachten das betriebliche Ende für diese Baureihe. Immerhin blieben drei der imposanten Maschinen für die Nachwelt erhalten. Lok 97 501 wurde erst unlängst in sehr aufwändiger Arbeit von einem örtlichen Eisenbahnverein wieder betriebsfähig hergerichtet.

Als Gattung I TV beschafften die Sächsischen Staatsbahnen bereits ab 1890 die ersten beiden Tenderlokomotiven mit zwei Triebwerken der Bauart Meyer für die krümmungsreiche Windbergbahn bei Dresden. Zwischen 1910 und 1914 wurden von den jetzt verstärkten Maschinen drei weitere Bauserien geordert, sodass insgesamt 18 Maschinen zur Verfügung standen. Die Deutsche Reichsbahn ordnete ab 1925 die noch vorhandenen 15 Lokomotiven als Baureihe 98^0 ein. Auch nach dem Zweiten Weltkrieg waren diese Maschinen auf ihrer Stammstrecke unentbehrlich. Im Güterverkehr waren sie hauptsächlich vor Uranganzzügen nach Dresden-Gittersee im Einsatz. Erst mit den Lokomotiven der DR-Baureihe V 60 mit Spurkranzschmierung konnten die Lokomotiven Ende der 60er Jahre auf der kurvenreichen Strecke abgelöst werden. Lok 98 001 blieb für das Verkehrsmuseum Dresden erhalten.

BAUREIHE 98^0 (SÄCHSISCHE I TV)	
Verwendungszweck	Lokalbahnlokomotive
Erstes Baujahr	1890
Bauart	B` B` n4vt
Spurweite	1435 mm
Länge über Puffer	11.624 mm
Dienstgewicht	60,5 t
Treib- und Kuppelraddurchmesser	1260 mm
Achslast	15,4 t
Höchstgeschwindigkeit	50 km/h
Leistung	540 PSi
gefertigte Stückzahl	18 Stück

Baureihe 98^3 (bayerische PtL 2/2) / Baureihe 98^{8-9} (bayerische GtL 4/4)

BAUREIHE 98^3 (BAYERISCHE PTL 2/2)

Verwendungszweck	Lokalbahnlokomotive
Erstes Baujahr	1908
Bauart	B h2t
Spurweite	1435 mm
Länge über Puffer	7004 mm
Dienstgewicht	22,7 t
Treib- und Kuppelraddurchmesser	1006 mm
Achslast	11,5 t
Höchstgeschwindigkeit	50 km/h
Leistung	210 PSi
gefertigte Stückzahl	42 Stück

Die Lokomotiven der bayerischen Gattung PtL 2/2 und späteren DRG-Baureihe 98^3 wurden für eine wirtschaftlichere Betriebsführung der zahlreichen bayerischen Lokalbahnen entwickelt. Die erstmals 1908 in Dienst gestellten Maschinen waren kleine zweiachsige Tenderlokomotiven mit halbselbsttätiger Schüttfeuerung für Einmannbedienung. Der Wasservorrat war innerhalb des Rahmens untergebracht. Diese wohl populärsten Lokalbahnloks wurden im Volksmund bald „Glaskasterl" genannt. Die Maschinen waren mit 50 km/h verhältnismäßig schnell, zuverlässig und sparsam. Diese Lokomotiven gab es in den beiden Ausführungen mit und ohne Blindwelle. Die DRG übernahm noch 22 Maschinen beider Spielarten. Bekannt geworden ist die bis heute erhaltene Lok 98 307, die noch bis 1963 als „Spalter Bockerl" auf der Strecke Spalt – Georgsgemünd im Einsatz war.

Mit den ersten der seit 1911 in Dienst gestellten bayerischen vierfach gekuppelten Lokomotiven der Gattung GtL 4/4 begann bei dieser Staatseisenbahn eine neue Ära im Lokalbahnverkehr. Einschließlich der bis 1927 nur wenig veränderten Nachbauten entstanden bei Krauss insgesamt 117 der als DRG-Baureihe 98^{8-9} eingereihten Zweizylinder-Heißdampfmaschinen. Im Betriebsdienst bewährten sich die Maschinen ausgezeichnet. Alle Lokomotiven gelangten zur DRG und blieben – bis auf wenige Kriegsverluste – auch bei der DB im Einsatz. Zwei Lokomotiven erhielten sogar noch EDV-Betriebsnummern und wurden zuletzt vom Bw Schweinfurt eingesetzt und erst 1970 ausgemustert. Lok 98 812 der Ulmer Eisenbahnfreunde (UEF) gehört zu den beiden erhaltenen Lokomotiven.

BAUREIHE 98^{8-9} (BAYERISCHE GTL 4/4)

Verwendungszweck	Lokalbahnlokomotive
Erstes Baujahr	1911
Bauart	D h2t
Spurweite	1435 mm
Länge über Puffer	9250 mm
Dienstgewicht	46,3 t
Treib- und Kuppelraddurchmesser	1006 mm
Achslast	12,2 t
Höchstgeschwindigkeit	40 km/h
Leistung	450 PSi
gefertigte Stückzahl	117 Stück

Schmalspurlokomotiven

In Doppelbespannung befördern die Meterspurlokomotiven 99 7233 und 7236 am 7. Mai 1991 einen Personenzug unter mächtiger Dampfentwicklung in der Nähe von Stiege. Beide Maschinen gehören zu den derzeit zehn Lokomotiven dieser Baureihe, die bei der 1993 neu gegründeten Harzer Schmalspurbahnen GmbH noch täglich auf der Harzquerbahn und im Brockenverkehr von Wernigerode und Nordhausen im Einsatz stehen.

Um den ziemlich überalterten Lokomotivbestand auf der Nordhausen – Wernigeroder Eisenbahn auf den neuesten Stand zu bringen, ließ die Deutsche Reichsbahn der DDR zwischen 1954 und 1956 Schmalspurlokomotiven der Baureihe 99^{23} bauen. Diese Meterspurloks mit der Achsfolge 1`E 1`lehnten sich konstruktiv an die 1930 beschafften Einheitsloks der Reihe 99^{22} an. Im Unterschied zu diesen erhielten die durchgängig geschweißten Neukonstruktionen einen Blechrahmen und einen Kessel mit größerer Rostfläche, der somit auf Braunkohlenfeuerung abgestimmt war. Insgesamt wurden 17 Maschinen vom VEB Lokomotivbau Karl Marx (LKM) in Babelsberg fertiggestellt. Weil diese leistungsstärksten deutschen Schmalspurdampflokomotiven noch fur einen längeren Zeitraum im Harz eingesetzt werden sollten, wurden zwischen 1976 und Ende 1980 alle Maschinen auf Ölhauptfeuerung umgebaut. Doch kaum hatte die letzte umgerüstete Maschine das Raw Görlitz verlassen, kam wegen der durch Preiserhöhungen und Devisenmangel verursachten Ölkrise die Weisung zum Rückbau auf Kohlefeuerung. Bis April 1984 erfolgte der erneute Umbau. Hier sehen wir am 19. März 1990 die 1954 gebaute Lokomotive 99 7234 mit dem Personenzug P 14403 auf dem Meterspurnetz der Harzer Schmalspurbahnen in der Nähe des Haltepunkts Eisfelder Talmühle.

BAUREIHE 99^{23} (NEUBAU DR)

Verwendungszweck	Schmalspurlokomotive
Erstes Baujahr	1954
Bauart	1`E 1` h2t
Spurweite	1000 mm
Länge über Puffer	5 - 12.500 mm
Dienstgewicht	60,5 t
Treib- und Kuppelraddurchmesser	1000 mm
Achslast	9,5 t
Höchstgeschwindigkeit	40 km/h
Leistung	700 pSi
gefertigte Stückzahl	17 Stück

Am 13. Oktober 1990 ist die Lokomotive 99 7239 auf der zum Harzer Schmalspurnetz gehörenden Selketalbahn mit einem planmäßigen Personenzug in Richtung Alexisbad unterwegs. Hier dampft die Maschine gerade am Heiligen Teich vorbei, ein südlich von Gernrode gelegener ehemaliger Stauteich für die früher betriebenen Erzgruben in dieser Region.

Mit etwas Glück und vorheriger Ab- und Rücksprache mit den Lokpersonalen ließ sich das noch bis zum Ende des Sommerfahrplans 1984 erleben: Auf dem Netz der Harzer Schmalspurbahnen fahren gleichzeitig zwei Dampfzüge aus dem Bahnhof Alexisbad aus. Rechts fährt die Lok 99 7233 nach Harzgerode, während die 99 5902 nach Hasselfelde unterwegs ist. Die eigentlich um zwei Minuten differierenden Ausfahrtszeiten wurde zur Freude der Fotografen von verständnisvollen Lokpersonalen gerne etwas „angenähert". Heute kann man dieses sehenswerte Spektakel nur noch im Rahmen größerer Sonderfahrten genießen.

Baureihe 99^{600}

Die im Jahr 1939 für verschiedene Bahngesellschaften der Harzer Schmalspurbahnen projektierte Meterspur-Dampflok 99 6001 mit der Achsfolge 1`C 1`blieb als Baumusterlokomotive ein Einzelgänger. Vorgesehen waren drei unterschiedliche Baugrößen, bei denen zahlreiche Segmente und Ausrüstungsteile untereinander austauschbar sein sollten. Die 1939 von Krupp gebaute Lokomotive wurde als Nr. 21 an die Nordhausen-Wernigeroder Eisenbahn (NWE) geliefert. 1949 bekam sie bei der Übernahme durch die Deutsche Reichsbahn die Betriebsnummer 99 6001 und fand ab 1961 bei der Selketalbahn ihre endgültige Heimat. Hier wird die für kurze Zeit als Traditionslok in einer (historisch nicht korrekten) grünen Farbgebung lackierte Lokomotive bis heute eingesetzt.

BAUREIHE 99^{600}

Verwendungszweck	Schmalspurlokomotive
Erstes Baujahr	1939
Bauart	1`C 1` h2t
Spurweite	1000 mm
Länge über Puffer	8910 mm
Dienstgewicht	45,3 t
Treib- und Kuppelraddurchmesser	1000 mm
Achslast	9 t
Höchstgeschwindigkeit	50 km/h
Leistung	540 PSi
gefertigte Stückzahl	1 Stück

Bei den Meterspur-Lokomotiven der späteren Baureihe 99^{610} handelt es sich um Maschinen der Achsfolge C der Nordhausen-Wernigeroder Eisenbahn (NWE). Zu Vergleichszwecken war die 99 6101 als Heißdampflok und die 99 6102 als Nassdampfmaschine ausgeführt. Wie zu erwarten, zeigte sich die Heißdampflok leistungsmäßig überlegen. Die kräftigen Dreikuppler waren in erster Linie im Rangier- und Rollbockverkehr im Einsatz und kamen eher selten auf die Strecke. Beide Maschinen sind erhalten geblieben, wobei die nach wie vor betriebsfähige 99 6101 gelegentlich – wie hier am 3. Juni 1995 vor einem Fotogüterzug – zu Sonderfahrten eingesetzt wird.

BAUREIHE 99^{610}

Verwendungszweck	Schmalspurlokomotive
Erstes Baujahr	1914
Bauart	C h2t (99 6101)
Spurweite	1000 mm
Länge über Puffer	7734 mm
Dienstgewicht	32 t
Treib- und Kuppelraddurchmesser	800 mm
Achslast	10,5 t
Höchstgeschwindigkeit	30 km/h
Leistung	380 PSi
gefertigte Stückzahl	1 Stück

Von der tiefstehenden Oktobersonne bestens ausgeleuchtet hat im Jahr 2001 die mit intensiver Rauch- und Qualmentwicklung heranstampfende Dampflokomotive 99 5906 ihren großen Auftritt. Es ist ein Personenzug der Selketalbahn, der in der Nähe von Harzgerode fotografiert wurde.

Seit 1897 entstanden in den Lokomotivfabriken Arnold Jung, Jungenthal und der Maschinenbau-Gesellschaft Karlsruhe insgesamt 13 Schmalspur-Mallet-Lokomotiven für 1000 mm Spurweite. Sieben Lokomotiven kamen nach dem Ersten Weltkrieg zur Nordhausen-Wernigeroder Eisenbahn (NWE). 1920 erwarb diese Bahn eine ähnliche, aber nicht baugleiche 1918 montierte Lokomotive, die bei der DR die Betriebsnummer 99 5906 erhielt. Die Lok ist immer noch betriebsfähig und wird von den Harzer Schmalspurbahnen meist auf der Selketalbahn eingesetzt. Auf diesem Foto sehen wir sie im Sommer 1999 in der Nähe von Drei Annen Hohne.

BAUREIHE 99^{590}

Verwendungszweck	Schmalspurlokomotive
Erstes Baujahr	1918 (99 5906)
Bauart	B`B` n4vt
Spurweite	1000 mm
Länge über Puffer	9400 mm
Dienstgewicht	36 t
Treib- und Kuppelraddurchmesser	1000 mm
Achslast	9 t
Höchstgeschwindigkeit	30 km/h
Leistung	270 PSi
gefertigte Stückzahl	1 Stück

Nach 1945 hatte sich die sowjetische Besatzungsmacht großzügig bei den Lokomotiven des sächsischen 750-mm-Schmalspurnetzes bedient und diese Maschinen als Reparationsgut deklariert. Die DDR-Reichsbahn musste also schleunigst für Ersatz sorgen und beauftragte den VEB Lokomotivbau Karl Marx in Babelsberg mit der Entwicklung einer 1`E 1`-Lokomotive. Die neuen, zwischen 1952 und 1957 gelieferten 24 Maschinen waren den Einheitslokomotiven von 1928 ähnlich. Um auch Braunkohle verfeuern zu können, erhielten sie eine vergrößerte Rostfläche und anstelle des Barrenrahmens einen geschweißten Blechrahmen. Ende der 1980er Jahre waren die Loks durch den Dauereinsatz völlig verschlissen. 14 Loks erhielten im Raw Görlitz neue Rahmen und Kessel. Die Lokomotiven fahren seither auf verschiedenen Bahnen, etwa auf der Weißeritztalbahn. Am 12. Juni 1977 stand die Lok 99 1787 abfahrbereit vor einem planmäßigen Personenzug im Bahnhof Kipsdorf.

BAUREIHE 99^{77} (NEUBAU DR)

Verwendungszweck	Schmalspurlokomotive
Erstes Baujahr	1952
Bauart	1`E 1` h2t
Spurweite	750 mm
Länge über Puffer	10.000 mm
Dienstgewicht	55 t
Treib- und Kuppelraddurchmesser	800 mm
Achslast	9 t
Höchstgeschwindigkeit	30 km/h
Leistung	600 PSi
gefertigte Stückzahl	24 Stück

Baureihe 99^{151} (sächsische IV K)

Für die zahlreichen Bahnen des sächsischen 750-mm-Schmalspurnetzes bestand naturgemäß recht großer Lokomotivbedarf. Bereits 1893 hatten die Gleise eine Länge von 327 km, 1920 waren es 520. Schon bald reichte die Leistung der kleinen I K-Lokomotiven nicht mehr aus. In Anbetracht der krümmungsreichen Streckenführung entschied man sich zum Bau einer Gelenklokomotive der Bauart Meyer mit zwei Dampfdrehgestellen. Es waren Vierzylinder-Nassdampf-Verbundmaschinen, deren Hochdruckzylinder am Außenrahmen des hinteren Drehgestells angeordnet wurden.
Bis 1921 lieferte die Sächsische Maschinenfabrik in Chemnitz insgesamt 96 Maschinen der Gattung IV K. Nach Kriegsende waren von diesen bewährten Lokomotiven noch 37 Stück vorhanden. Da die Maschinen Anfang der 1960er Jahre noch unverzichtbar waren, wurden ab 1962 insgesamt 30 von ihnen in Form einer Generalreparatur grundlegend modernisiert. Abgesehen von Museumsexponaten und als Denkmal aufgestellten Lokomotiven leisten bis heute zahlreiche Museumsbahnen regelmäßigen Fahrbetrieb mit Lokomotiven der Gattung IV K. Hier sind die Loks 99 1585 und 1582 am 19. April 1985 vor einem Güterzug auf Rollwagen im Bahnhof Oschatz zu sehen.

BAUREIHE 99^{151} (SÄCHSISCHE IV K)

Verwendungszweck	Schmalspurlokomotive
Erstes Baujahr	1892
Bauart	B`B` n4vt
Spurweite	750 mm
Länge über Puffer	9000 mm
Dienstgewicht	29,3 t
Treib- und Kuppelraddurchmesser	760 mm
Achslast	7,3 t
Höchstgeschwindigkeit	30 km/h
Leistung	210 PSi
gefertigte Stückzahl	96 Stück

Schwarz qualmend stampft die Lok 99 1788 am 2. Februar 1991 mit einem Personenzug in der Nähe von Neudorf/Erzgebirge bergan. Die zu den ab 1952 gefertigten DR-Neubaulokomotiven gehörende Maschine befährt die Schmalspurbahn Cranzahl – Kurort Oberwiesenthal, die auf einer Streckenlänge von 17,4 km einen Höhenunterschied von 238 m überwindet.

Von der Döllnitzbahn geliehen wurde die 1912 gebaute IV K-Lokomotive 99 574 von der Prignitzer Kleinbahn. Hier passiert ein von dieser Lok geführter Museumszug am 2. Mai 2008 den reizvollen Streckenabschnitt bei Klenzenhof.

LOKOMOTIVEN AUS ALLER WELT

Big Boy war der Spitzname der Klasse 4000 der Union Pacific Railroad (UP). Die American Locomotive Company ALCO baute 1941 eine Serie von 25 Exemplaren dieser größten und leistungsfähigsten Dampflokreihe der UP, die zu den größten und leistungsfähigsten der Welt zählte. Fünf weitere Loks entstanden 1944. Das Bild der 4012 entstand 2009. Die gigantische Lok gehört zum Fundus der Steamtown National Historic Site in Scranton im US-Bundesstaat Pennsylvania. In dem ehemaligen Bahnbetriebswerk der Delaware, Lackawanna and Western Railroad wird an die Geschichte der US-Bahnen zwischen 1850 und 1950 erinnert.

Bereits zu Beginn des 20. Jahrhunderts waren die meisten Eisenbahn-Gesellschaften in Europa dazu übergegangen, für den schweren Schnellzugdienst drei- oder vierfach gekuppelte Loks zu beschaffen. Die Zweikuppler waren nur noch in untergeordneten Diensten oder vor leichteren Zügen verwendbar. In den 30er Jahren entwickelten einzelne Bahngesellschaften für den leichten Eil- und Schnellzugdienst spezielle Lokomotiven. Die Belgische Staatsbahn beschaffte 1939 sechs Exemplare der schweren stromlinienverkleideten 2`B 1`-Schlepptenderlokomotive der Serie 12. Es war eine sehr formschöne und leistungsfähige Lok in der Atlantic-Bauart mit Vierzylinder-Innentriebwerk, die für die schnelle Verbindung zwischen Brüssel und Ostende sowie Lüttich zuständig war. Bei einer Versuchsfahrt wurde eine Spitzengeschwindigkeit von 165 km/h erreicht. Die Maschinen bewährten sich ausgezeichnet und schieden 1962 aus dem Plandienst aus. Die mittlerweile nicht mehr betriebsfähige Lok 12 004 blieb erhalten.

BAUREIHE 12 (SNCB)

Verwendungszweck	Schnellzuglokomotive
Erstes Baujahr	1939
Bauart	2` B 1` h4
Spurweite	1435 mm
Länge über Puffer	21.190 mm
Dienstgewicht	89 t
Treib- und Kuppelraddurchmesser	2100 mm
Achslast	18 t
Höchstgeschwindigkeit	140 km/h
Leistung	2500 PSi
gefertigte Stückzahl	6 Stück

Auf eine mehr als wechselvolle Vergangenheit kann die in Belgien erhaltene SNCB-Lok 26.101 zurückblicken. 1943 entstand bei Krauss-Maffei in München die Kriegslok 52 3554. Die auf dem Rückzug stehengebliebene Maschine kam zunächst bei den Sowjetischen Staatsbahnen wieder in Fahrt, ehe sie in den 1950er Jahren von der Polnischen Staatsbahn (PKP) erworben und als Ty2-3554 eingesetzt wurde. 1992 kaufte ein belgischer Privatverein die fast originalgetreu erhaltene 52er-Kriegslok, der die Maschine lange Zeit im Einsatz hielt und sich um erneute Aufarbeitung und Inbetriebnahme bemüht. Hier ist die schwarz qualmende Lok am 18. August 1995 in der Nähe von Houyet zu sehen.

BAUREIHE 26 (BR 52/DRG)

Verwendungszweck	Güterzuglokomotive
Erstes Baujahr	1942
Bauart	1`E h2
Spurweite	1435 mm
Länge über Puffer	22.975 mm
Dienstgewicht	84 t
Treib- und Kuppelraddurchmesser	1400 mm
Achslast	15,4 t
Höchstgeschwindigkeit	80 km/h
Leistung	1620 PSi
gefertigte Stückzahl	6200 Stück

BAUREIHE 70 (EFE)

Verwendungszweck	Güterzuglokomotive
Erstes Baujahr	1919
Bauart	1`D 1` h 2
Spurweite	1676 mm
Länge über Puffer	k.A.
Dienstgewicht	88,2 t
Treib- und Kuppelraddurchmesser	1250 mm
Achslast	14,8 t
Höchstgeschwindigkeit	60 km/h
Leistung	k.A.
gefertigte Stückzahl	53 Stück

Zu den derzeit etwa 118 im südamerikanischen Andenstaat Chile museal erhaltenen Lokomotiven zählt als eine der wenigen bis vor einigen Jahren noch betriebsfähigen Maschinen die 1919 von Alco gelieferte 1`D 1`-Breitspurlokomotive Nr. 714. Die bis 1922 gelieferten Maschinen waren für gemischte Dienste vorgesehen. Hier ist die mit einfacher Dampfdehnung arbeitende Heißdampf-Zwillingslokomotive mit einem Sonderzug in der Nähe von Lonquimay unterwegs. Es ist das einzige überlebende Exemplar der einst zahlreich vorhandenen Baureihe 70.

Die Chilenische Staatsbahn bestellte zwischen 1929 und 1947 beim Hertseller Baldwin in Philadelphia mehrere Baulose der mächtigen 2`D 1`-Breitspur-Schlepptenderlokomotive der Reihe 80. Diese leistungsstarken Maschinen waren sowohl für den Reisezugdienst als auch für den schnellen Güterverkehr vorgesehen. Sie bewährten sich so gut, dass ab 1952 eine Nachbestellung von weiteren 30 Einheiten bei Mitsubishi aufgegeben wurde. Es waren die größten und wohl auch ausgereiftesten Dampfloks der Chilenischen Staatsbahn. Von den insgesamt gelieferten 69 Lokomotiven sind noch mehrere Einheiten vorhanden – einige auch betriebsfähig. Die Maschinen werden vor Sonderzügen eingesetzt. Die hier abgebildete Lok 803 wurde im Januar 1979 im Bahnbetriebswerk Temuco noch im regulären Einsatz fotografiert.

BAUREIHE 80 (EFE)

Verwendungszweck	Personenzuglokomotive
Erstes Baujahr	1929
Bauart	2`D 1` h2
Spurweite	1676 mm
Länge über Puffer	k.A.
Dienstgewicht	105,4 t
Treib- und Kuppelraddurchmesser	1599 mm
Achslast	15,1 t
Höchstgeschwindigkeit	105 km/h
Leistung	k.A.
gefertigte Stückzahl	69 Stück

BAUREIHE YJ (CNR)

Verwendungszweck	Güterzuglokomotive
Erstes Baujahr	1958
Bauart	1`C 1` h2
Spurweite	1435 mm
Länge über Puffer	18.300 mm
Dienstgewicht	74 t
Treib- und Kuppelraddurchmesser	1370 mm
Achslast	14,8 t
Höchstgeschwindigkeit	60 km/h
Leistung	1100 PSi
gefertigte Stückzahl	202

Als 1946 die Volksrepublik China gegründet wurde, gab es dort ein Gleisnetz von nur 21.000 km, von dem mehr als die Hälfte durch Kriegsschäden unbenutzbar war. Bis 1990 war es auf mehr als 53.000 km angewachsen. Hinzu kamen noch geschätzte 35.000 km Privat- und Industriebahnen, sodass China eines der längsten Eisenbahnnetze der Welt besitzt. Im Triebfahrzeugbereich spielte die Dampftraktion eine wichtige Rolle. Zwischen 1950 und 1988 produzierten vier einheimische Lokomotivwerke insgesamt 8594 Dampflokomotiven, wobei man sich auf einige wenige Standardmuster konzentrierte. Dieses am 19. Oktober 1999 entstandene Foto zeigt zwei der wichtigen Baureihen: Vorn die 1`D 1`-Lok Sy 1765, von der etwa 1710 Stück gebaut wurden, und dahinter die JS 6216, von der sogar 1920 Einheiten entstanden.

Die 1085 Kilometer lange normalspurige Bahnlinie von Tientsin nach Pukow wurde 1908 von einem deutsch-britischen Syndikat für den chinesischen Staat gebaut. Der Lokomotivbestand Mitte der 1930er Jahre betrug 147 Stück und kam mit jeweils etwa 50 Maschinen zu gleichen Teilen aus Deutschland, den USA und Großbritannien. Lediglich drei im eigenen Land gefertigte Lokomotiven waren darunter. Zwischen 1936 und 1937 lieferten die Essener Krupp-Werke unter der Baureihenbezeichnung ST 2 zehn Einheiten einer schweren 1`E 1`-Schlepptender-Güterzuglokomotive. Es waren sehr leistungsstarke Maschinen, deren Vierachstender einen Wasservorrat von 25 m³ und 10 t Kohle besaßen. Aufgrund der niedrigen Achslast konnten die Loks auch Nebenstrecken befahren.

BAUREIHE ST 2 (CNR)

Verwendungszweck	Güterzuglokomotive
Erstes Baujahr	1936
Bauart	1`E 1` h2
Spurweite	1435 mm
Länge über Puffer	k.A.
Dienstgewicht	101,9 t
Treib- und Kuppelraddurchmesser	1372 mm
Achslast	14,7 t
Höchstgeschwindigkeit	80 km/h
Leistung	k.A.
gefertigte Stückzahl	10 Stück

Die Lokomotiven der Baureihe JS („Jian She" heißt Aufbau) entstanden erstmals 1957 aus einer Kooperation zwischen der Sowjetunion und China. Dabei wurden Rahmen-, Trieb- und das 1`D 1`-Laufwerk nahezu unverändert von der sowjetischen Baureihe JF übernommen, während der Kessel eine Neukonstruktion war. Die neuen Maschinen waren mit mechanischer Stokerfeuerung und Speisewasservorwärmer ausgerüstet. Außerdem erhielten sie höheren Kesseldruck, wodurch die Leistungsfähigkeit gegenüber der JF wesentlich verbessert wurde. Ab 1981 wurden 358 Einheiten der technisch optimierten JS-Ausführung ausgeliefert. Die für Hauptbahndienste vorgesehenen Lokomotiven entstanden bis 1988 in genau 1916 Einheiten und waren im ganzen Land anzutreffen. Zahlreiche Lokomotiven taten auch als schwere Rangier- und Werkslokomotiven Dienst. Selbst heute dürfte diese erfolgreiche Baureihe in China nicht vollends verschwunden sein. Ihr letztes Einsatzrefugium dürften einige Kohlentagebaugruben sein. Dieses Bild zeigt die JS 5855 am 24. Februar 2000 vor einem Leerzug in Shui Dong.

BAUREIHE JS (CNR)

Verwendungszweck	Güterzuglokomotive
Erstes Baujahr	1957
Bauart	1`D 1` h2
Spurweite	1435 mm
Länge über Puffer	23.300 mm
Dienstgewicht	104,8 t
Treib- und Kuppelraddurchmesser	1370 mm
Achslast	17,3 t
Höchstgeschwindigkeit	85 km/h
Leistung	2270 PSi
gefertigte Stückzahl	1919 Stück

BAUREIHE SY (CNR)

Verwendungszweck	Güterzuglokomotive
Erstes Baujahr	1960
Bauart	1`D 1` h2
Spurweite	1435 mm
Länge über Puffer	21.600 mm
Dienstgewicht	91,3 t
Treib- und Kuppelraddurchmesser	1370 mm
Achslast	15,2 t
Höchstgeschwindigkeit	80 km/h
Leistung	1495 PSi
gefertigte Stückzahl	1820 Stück

Die ab 1960 gebaute Reihe SY – für „Shang You" („Hohes Ziel") ist die jüngste chinesische Normalspurlok. Die 1`D 1`-Lokomotive ist Chinas Standard-Industrie- und Werksbahnlok. Mehr als 1800 Exemplare dieser leichten Maschine entstanden bis 1999. Obgleich die SY die weltweit letzte in Serie produzierte Normalspurdampflokomotive ist, geht ihr Entwurf auf eine japanische Konstruktion aus dem Jahr 1920 zurück. Diese wiederum hatte eine US-amerikanische ALCO-Konstruktion zur Basis, die an das von Japan besetzte Korea geliefert worden war.
Diese einfachen und sehr robusten Maschinen bewährten sich als Universallokomotiven in nahezu allen Einsatzbereichen, ob im Rangier- oder im Güterzugdienst oder vor Reisezügen auf Nebenlinien. Noch bis ins 21. Jahrhundert überlebten mehrere hundert Maschinen, die im ganzen Land überwiegend in Kohlengruben und Stahlwerken ihren Dienst verrichteten.

Die Baureihe QJ gehört zu den letzten in Großserie produzierten Dampflokomotiven der Welt. Zweifelsohne war es die Reihe QJ („Qian Jin" heißt Fortschritt), die allein stückzahlmäßig den Dampfbetrieb in China nachhaltig prägte. Die QJ wird zwar als erste eigenständige Konstruktion ausgewiesen, in Wirklichkeit basiert ihr Entwurf auf der seit 1954 gebauten russischen Baureihe LV. Darüber hinaus zeigte die Lokomotive viele amerikanische Baukomponenten, die von in die Sowjetunion gelieferten US-Loks übernommen wurden. Daneben entwickelten die chinesischen Ingenieure zahlreiche Verbesserungen und Veränderungen, sodass aus der ursprünglich russischen Lokomotive eine chinesische wurde.

BAUREIHE QJ (CNR)

Verwendungszweck	Güterzuglokomotive
Erstes Baujahr	1956 (Serienbau ab 1960)
Bauart	1`E 1` h2
Spurweite	1435 mm
Länge über Puffer	29.200 mm
Dienstgewicht	133,8 t
Treib- und Kuppelraddurchmesser	1500 mm
Achslast	19 t
Höchstgeschwindigkeit	80 km/h
Leistung	2980 PSi
gefertigte Stückzahl	4714 Stück

Noch Mitte der 1980er Jahre war die im Nordwesten Chinas durch Wüsten und Halbwüsten führende 1904 km lange Lanzhou-Xinjiang-Linie nach Urumqui eine Domäne der Baureihe QJ. Hinzu kamen starke Steigungen in beiden Richtungen, die den Maschinen alles abverlangten. Am 1. Januar 1990 ziehen Lok QJ 1357 und eine Schwestermaschine einen Güterzug durch einen stark ansteigenden Einschnitt in der Nähe von Wushaoling.

Zwei Lokomotiven der Reihe QJ passieren in langsamer Fahrt mit einem Güterzug im Gegenlicht einen einsamen Bahnübergang nicht weit von Galadesitai im Reshui-Tal. Der Zug befindet sich an der Ostrampe beim Aufstieg zum Jingpeng-Pass und die kerzengerade emporsteigenden Dampfwolken zeugen eindrucksvoll von der großen Kraftanstrengung der beiden Lokomotiven.

Auch bei Wind und Wetter versagten die anspruchslosen 762-mm-Lokomotiven nur höchst selten ihren Dienst. Am 28. Februar 2000 sehen wir eine dieser von hartem Gebrauch gezeichneten Maschinen vor einem Leerwagenzug bei eisigen Temperaturen in Ping Ling.

BAUREIHE C 2 (CNR)

Verwendungszweck	Schmalspurlokomotive
Erstes Baujahr	1958
Bauart	D h2
Spurweite	762 mm
Länge über Puffer	10.944 (mit Tender)
Dienstgewicht	16 t
Treib- und Kuppelraddurchmesser	600 mm
Achslast	4,8 t
Höchstgeschwindigkeit	35 km/h
Leistung	k.A.
gefertigte Stückzahl	1000 Stück

Der Entwurf der Schmalspurlokomotive der Reihe C 2 geht auf eine in der Sowjetunion entstandene Konstruktion des Jahres 1941 zurück. Nach Kriegsende gab es einen gewaltigen Bedarf beim Wiederaufbau, sodass bis 1959 rund 4500 Maschinen im gesamten osteuropäischen Raum entstanden. Die ersten 81 Lokomotiven dieser Reihe kamen 1952 nach China. 1958 wurde auf Basis dieses Entwurfs mit der Fabrikation im eigenen Land begonnen. 1988 endete die Fertigung der leicht modifizierten Fahrzeuge nach etwa 1000 Einheiten. Noch heute findet man diese kleinen und einfachen Maschinen gelegentlich im Einsatz. Hier sehen wir die Lokomotive 8.089 in Taupxian beim Bekohlen per Hand.

Eine der letzten Domänen dieser kleinen und robusten Schmalspurlokomotiven sind einige Waldbahnen im Nordosten Chinas, die der Holzabfuhr aus dem relativ dünn besiedelten Hügelland dienen. Die Strecken, die heute entweder stillgelegt oder verdieselt worden sind, hatten einen sehr einfachen und leichten Oberbau, den die leichten Maschinen nicht über Gebühr belasteten. Hier sehen wir einen solchen Transport am 2. April 2002 in der Nähe von Shanhetun.

BAUREIHE PR (DSB)

Verwendungszweck	Schnellzuglokomotive
Erstes Baujahr	1914
Bauart	2`C 1` h4v
Spurweite	1435
Länge über Puffer	21.300 mm
Dienstgewicht	87,8 t
Treib- und Kuppelraddurchmesser	1880 mm
Achslast	14,7 t
Höchstgeschwindigkeit	110 km/h
Leistung	1530 PSi
gefertigte Stückzahl	36 Stück

Die Lokomotiven der 2`C 1`-Reihe PR der Dänischen Staatsbahnen entstanden durch Umbau aus der erstmals 1907 gefertigten 2`B 1`-Klasse P. Diese bis 1924 in insgesamt 33 Einheiten gelieferten Loks waren die ersten stärkeren Schnellzuglokomotiven Dänemarks, die lange Zeit alle wichtigen Schnellzüge auf den Strecken des Landes beförderten. Aufgrund des großen Mangels an leistungsstarken Maschinen mit geringer Achslast erfolgte zwischen 1943 und 1955 der Umbau von sieben dieser Atlantic-Loks zur leichten Pacific-Reihe PR. Während Zylinderblock und Steuerung unverändert blieben, wurde der Barrenrahmen nach rückwärts verlängert, andererseits aber der Treibraddurchmesser verkleinert. Bereits 1963 wurden diese erfolgreichen Vierzylinder-Verbundmaschinen ausgemustert. Eine Lok blieb erhalten.

Die Einheiten der 2`C 1`- Baureihe der Klasse E der Dänischen Staatsbahnen waren die größten Schnellzugloks des Landes. Diese Verbundlokomotiven wurden ursprünglich als Baureihe F in den Jahren 1914 bis 1916 auf Basis der württembergischen Klasse C von der Schwedischen Staatsbahn beschafft. Mit der Elektrifizierung der Hauptbahnen in den 1930er Jahren wurden diese mit einer Windschneide am Führerhaus ausgerüsteten Maschinen überflüssig. 1937 erwarb Dänemark elf Stück und reihte sie als Baureihe E ein. Da der Betriebsdienst mit diesen Loks sehr zufrieden war, wurde zwischen 1942 und 1950 ein Folgeauftrag von 25 Stück durch die Firma Frichs in Aahus abgewickelt. Die Loks, die teilweise mit einem Doppelblasrohr ausgerüstet wurden, schieden 1970 aus dem Dienst. Zwei Stück sind erhalten geblieben.

BAUREIHE E (DSB)

Verwendungszweck	Schnellzuglokomotive
Erstes Baujahr	1914
Bauart	2`C 1` h4v
Spurweite	1435
Länge über Puffer	21.300 mm
Dienstgewicht	87,8 t
Treib- und Kuppelraddurchmesser	1880 mm
Achslast	14,7 t
Höchstgeschwindigkeit	110 km/h
Leistung	1530 PSi
gefertigte Stückzahl	36 Stück

Das in der 1067-mm-Kapspur erstellte Eisenbahnnetz in Ecuador verbindet die beiden besiedelten Landesteile Küste und Hochland miteinander. Durch mangelnde Wartung der Strecke einerseits und Beschädigungen durch Naturkatastrophen andererseits kam der Betrieb während der 1990er Jahre fast völlig zum Erliegen. In den vergangenen Jahren wurde die Bahn mit erheblichem Aufwand zum Teil wieder instand gesetzt. Die Bahn galt als die schwierigste der Welt. Namentlich der Anstieg an der Nariz del Diablo (Teufelsnase) ist eine bauliche Meisterleistung. In mehreren Spitzkehren werden 500 m Höhenunterschied überwunden. Den höchsten Punkt erreicht die Linie bei 3609 m. In der Vergangenheit wurde der Betrieb mit Dampflokomotiven abgewickelt, die überwiegend von Baldwin beschafft wurden. Bereits 1929 wurden Garratt-Loks in Betrieb genommen, denen bis 1953 mehrere 1`D-Schlepptenderloks folgten. Einige wenige dieser Lokomotiven, darunter die 1944 gebaute Nr. 53, werden für touristische Zwecke betriebsbereit gehalten. Hier ist ein solcher Zug an der Teufelsnase zu sehen.

Die 1935 für die mittlerweile stillgelegte Bahn Sibambe – Cuenca von Baldwin gefertigte 1`D-Lok Nr. 17 befährt am 3. August 1996 den berüchtigten Abschnitt der Spitzkehren der Teufelsnase. Die gewaltigen Steigungen können die Maschinen nur in Schrittgeschwindigkeit und durch mehrmaliges Vor- und Zurücksetzen überwinden.

BAUREIHE 19 S 908 (ENFE)

Verwendungszweck	Güterzuglokomotive
Erstes Baujahr	1927
Bauart	1`D h2
Spurweite	1067 mm
Länge über Puffer	17.453 mm (mit Tender)
Dienstgewicht	68 t
Treib- und Kuppelraddurchmesser	1370 mm
Achslast	13,6 t
Höchstgeschwindigkeit	35 km/h
Leistung	k.A.
gefertigte Stückzahl	k.A.

BAUREIHE 241 A (SNCF)

Verwendungszweck	Schnellzuglokomotive
Erstes Baujahr	1925
Bauart	2`D 1` h4v
Spurweite	1435 mm
Länge über Puffer	26.810 mm
Dienstgewicht	12,51 t
Treib- und Kuppelraddurchmesser	1950 mm
Achslast	17,5 t
Höchstgeschwindigkeit	110 km/h
Leistung	3495 PSi
gefertigte Stückzahl	90 Stück

Die Lokomotiven der französischen Ostbahn waren die ersten Mountain-Loks mit der Achsfolge 2`D 1` (französisch 241) in Europa. Bei ihrer Indienststellung im Jahr 1925 waren es gleichzeitig die größten und leistungsfähigsten Dampflokomotiven des Kontinents. Nach Gründung der SNCF im Jahr 1938 wurden alle Maschinen von der Staatsbahn übernommen. Von der SNCF wurden die Lokomotiven überwiegend auf den Strecken Paris – Straßburg und Paris – Basel im schnellen Reisezugverkehr eingesetzt. Zwischen 1960 und 1965 erfolgte die Ablösung durch die elektrische Traktion. Zwei dieser mächtigen Vierzylinder-Verbundlokomotiven sind erhalten geblieben. Lok 241 A 65 erhielt zwischen 1996 und 1997 eine betriebsfähige Aufarbeitung im DLW Meiningen und ist derzeit die größte einsatzfähige Dampflokomotive in Europa.

Die Mikado-Lokomotiven der Baureihe 141 R waren zwischen 1945 und 1974 auf nahezu allen Regelspurstrecken Frankreichs anzutreffen. Diese Mehrzwecklokomotiven sollten den im Krieg stark dezimierten Fahrzeugbestand schnellstmöglich wieder auffüllen. Die Federführung der Konstruktion oblag den Baldwin-Werken. Um die Ablieferungsquote der als 141 R bezeichneten Maschinen so schnell wie möglich zu erfüllen, vergab man einige Baulose an die Firmen Alco und Lima sowie an kanadische Hersteller. Diese im Gegensatz zu den technisch weitaus anspruchsvolleren französischen sehr einfach zu wartenden, leistungsstarken und mit Stokerfeuerung ausgerüsteten Zwillingsmaschinen bewährten sich hervorragend. Bei den Personalen waren die als „Liberation" bezeichneten Vierkuppler sehr beliebt.

BAUREIHE 141 R (SNCF)

Verwendungszweck	Güterzuglokomotive
Erstes Baujahr	1945
Bauart	1`D 1` h2
Spurweite	1435 mm
Länge über Puffer	5 . 24.130 mm
Dienstgewicht	115,5 t (116,25 t Ölfeuerung)
Treib- und Kuppelraddurchmesser	1650 mm
Achslast	14,6 t
Höchstgeschwindigkeit	100 km/h
Leistung	2900 PSi
gefertigte Stückzahl	1340 Stück

Die Dampfloks der Class 5 der britischen Bahngesellschaft London, Midland and Scottish Railways (LMS) wurden in den Jahren 1934 bis 1951 beschafft. Es waren Schlepptenderlokomotiven mit der Achsfolge 2'C nach einem Entwurf des LMS-Chefingenieurs William Stanier, die für den gemischten Dienst sowohl im Personen- als auch im Güterverkehr vorgesehen waren. Die Lokomotiven erwiesen sich als wirtschaftlich und vielseitig verwendbar und kamen auch vor Schnellzügen zum Einsatz. Aufgrund ihrer robusten Ausführung waren die als „Black Five" bezeichneten Maschinen bei Personal und Werkstätten sehr beliebt und wurden in großer Zahl gefertigt. Die meisten Maschinen wurden zwischen 1961 und 1968 ausgemustert. Nach derzeitigem Stand sind knapp 20 Exemplare der Baureihe erhalten geblieben, darunter zehn einsatzfähige Fahrzeuge. Sie werden vielfach auf dem britischen Eisenbahnnetz auf Museumsbahnen und vor Sonderzügen eingesetzt. Hier sehen wir die Lok 44 767 vor einem Sonderzug auf der East Lane Shire-Railways.

Die Class-5-Lokomotive Nr. 5000 wurde im März 1935 von der LMS in Dienst gestellt und nach der Gründung der British Railways als Nr. 45 000 umgezeichnet. Im Oktober 1967 wurde die Maschine ausgemustert. Die restaurierte Lokomotive ist als nicht betriebsfähiges Exponat im Shildon Locomotion Museum ausgestellt.

Unmittelbar nach ihrer betriebsfähigen Aufarbeitung führt die Class-5-Lokomotive 45 379 zusammen mit der nicht umgebauten Bulleid-Pacific Nr. 34 007 am 15. September 2010 einen Sonderzug auf der Museumsbahn der Mid-Hants-Railways. Die im Juli 1937 als LMS-Lok 5379 abgelieferte Maschine wurde nach 28 Jahren im Juli 1965 ausgemustert.

LMS CLASS 5 (BR)

Verwendungszweck	Personenzuglokomotive
Erstes Baujahr	1934
Bauart	2`C h2
Spurweite	1435 mm
Länge über Puffer	19.399 mm
Dienstgewicht	73,2 t
Treib- und Kuppelraddurchmesser	1829 mm
Achslast	14,7 t
Höchstgeschwindigkeit	145 km/h
Leistung	k.A.
gefertigte Stückzahl	842 Stück

WEST COUNTRY (UMBAU BR)

Verwendungszweck	Schnellzuglokomotive
Erstes Baujahr	1945 (Umbau ab 1955)
Bauart	2`C 1` h3
Spurweite	1435 mm
Länge über Puffer	20.540 mm
Dienstgewicht	92,6 t
Treib- und Kuppelraddurchmesser	1880 mm
Achslast	15,5 t
Höchstgeschwindigkeit	130 km/h
Leistung	k.A.
gefertigte Stückzahl	60 Stück

Zwischen 1955 und 1961 wurden insgesamt 60 der so genannten leichten Pacific-Lokomotiven der zwischen 1945 und 1951 vom damaligen Chefkonstrukteur O. V. Bulleid für die Southern Railways entworfenen West Country und Battle of Britain-Class-Maschinen umgebaut. Mit dieser Maßnahme wurden die noch unter den einschränkenden Bedingungen der Kriegswirtschaft entstandenen Loks überarbeitet, die unbefriedigende Steuerung vervollkommnet und die gesamte Konstruktion den standardisierten Auflagen der British Railways angepasst. Der immer schneller fortschreitende Wandel in der Zugförderung verhinderte den Umbau der übrigen Maschinen dieser Baureihen. Daher war auch den rekonstruierten Loks kein langes Leben vergönnt. Die erste wurde bereits im Mai 1964 nach einer Laufleistung von lediglich 287.000 Meilen abgestellt.

Die War Department (WD) „Austerity"-Lokomotiven mit der Achsfolge 1`E waren schwere Güterzugmaschinen, die 1943 eingeführt wurden. Diese Maschinen basierten auf den Austerity 1`D des gleichen Konstrukteurs, sodass viele Teile untereinander austauschbar waren. Beide Fahrzeuge waren ungefähr gleich stark mit dem Unterschied, dass die 1`E-Lokomotive eine geringere Achslast besaß und daher auch auf Nebenbahnen eingesetzt werden konnte. Im Übrigen waren dies die ersten fünffach gekuppelten Dampfloks in Großbritannien, die später der Baureihe 9 F aus dem Standard-Dampflokprogramm als Vorbild dienen sollten. Nach Kriegsende wurden die meisten Loks in die Niederlande verkauft. Lediglich 25 dieser Maschinen wurden von Britisch Railways übernommen und bis 1962 ausgemustert. Vier Maschinen, davon eine in den Niederlanden, sind erhalten geblieben.

WD AUSTERITY (BR)

Verwendungszweck	Güterzuglokomotive
Erstes Baujahr	1943
Bauart	1`E h2
Spurweite	1435 mm
Länge über Puffer	20.580 mm
Dienstgewicht	79,6 t
Treib- und Kuppelraddurchmesser	1435 mm
Achslast	13,7 t
Höchstgeschwindigkeit	90 km/h
Leistung	k.A.
gefertigte Stückzahl	150 Stück

Die 2`C-Schlepptenderlokomotiven Standard Class 4 gehörten zu der Serie von insgesamt zwölf standardisierten Neubaulokomotiven, die seit 1950 von der Britisch Railways beschafft wurden. Im Gegensatz zu den mit gleicher Achsfolge ausgeführten Class-5-Loks war diese Maschine etwas leichter, hatte einen kleineren Kessel und kleinere Treibräder. Mehr noch als die Class 5 war diese Maschine als Universallok für den gemischten Dienst vorgesehen. Aufgrund ihrer kleineren Achslast waren sie nicht nur für Hauptbahndienste, sondern auch auf Nebenbahnen verwendbar. Die Maschinen bewährten sich im Betrieb ausgezeichnet und waren bei den Personalen beliebt. Zusammen mit der Class 5 trugen sie seit Mitte der 1960er Jahre bis zum im Jahr 1968 abrupt endenden Dampfbetrieb in Großbritannien die Hauptlast des verbliebenen Reisezugverkehrs. Sechs Lokomotiven sind erhalten geblieben, darunter die betriebsfähige 75078 bei den Keighley and Worth Valley Railways.

STANDARD CLASS 4 (BR)

Verwendungszweck	Personenzuglokomotive
Erstes Baujahr	1951
Bauart	2`C h2
Spurweite	1435 mm
Länge über Puffer	18290 mm
Dienstgewicht	68,99 t
Treib- und Kuppelraddurchmesser	1727 mm
Achslast	17,25 t
Höchstgeschwindigkeit	125 km/h
Leistung	k.A.
gefertigte Stückzahl	80 Stück

STANDARD CLASS 5 (BR)

Verwendungszweck	Schnellzuglokomotive
Erstes Baujahr	2`C h2
Bauart	1951
Spurweite	1435 mm
Länge über Puffer	19.080 mm
Dienstgewicht	77,22 t
Treib- und Kuppelraddurchmesser	1880 mm
Achslast	20,02 t
Höchstgeschwindigkeit	145 km/h
Leistung	k.A.
gefertigte Stückzahl	172 Stück

Die Standard Class 5-Schlepptenderlokomotiven mit der Achsfolge 2`C basierten auf der berühmten LMS-Baureihe Class 5 von William Stanier, von der zwischen 1934 und 1951 insgesamt 842 Stück gebaut wurden. Von April 1951 bis Mai 1957 entstanden von der Class 5 insgesamt 172 Einheiten. Wie alle Standard-Lokomotiven der British Railways zeichnete sich auch diese Maschine durch ihre glatten Linien und die hohe Kessellage aus. Es waren sehr wirtschaftliche, einfach zu wartende Loks, die sich im Betrieb gut bewährten und bei den Personalen geschätzt wurden. Noch bis weit in die 1960er Jahre beförderten sie die Masse der dampfgeführten Schnellzüge in Großbritannien. Fünf Lokomotiven sind erhalten geblieben, darunter die mittlerweile wieder betriebsfähige 73050 der Nene Valley Railways.

Die Standard Class 9 F der British Railways war die letzte Dampflokomotivreihe in Großbritannien, die noch bis 1960 in Serie gefertigt wurde. Es war die leistungsstärkste Dampflokomotive, die je in diesem Land gebaut wurde und sie war für den schnellen, schweren Güterzugdienst über lange Strecken vorgesehen. In der Praxis wurde die Baureihe mit ebenso großem Erfolg auch im Reisezugdienst eingesetzt. Diese formschöne und starke Lokomotive stellte den letzten Entwicklungsstand im britischen Dampflokbau dar. Insgesamt entstanden 251 Stück, die sich die Lokomotivwerke Swindon (53) und Crewe Works (198) teilten. Die letzte Maschine war die Lok 92220 „Evening Star", die im Februar 1960 auch als letztgebaute Dampflok an British Railways geliefert wurde. Damit endete eine Tradition, die mehr als 130 Jahre zuvor in diesem Land begonnen hatte.

STANDARD CLASS 9 F (BR)

Verwendungszweck	Güterzuglokomotive
Erstes Baujahr	1`E h2
Bauart	1954
Spurweite	1435 mm
Länge über Puffer	20.170 mm
Dienstgewicht	86,3 t
Treib- und Kuppelraddurchmesser	1524 mm
Achslast	15,7 t
Höchstgeschwindigkeit	140 km/h
Leistung	k.A.
gefertigte Stückzahl	251 Stück

LMS IVATT CLASS 4 (BR)

Verwendungszweck	Güterzuglokomotive
Erstes Baujahr	1947
Bauart	1`C h2
Spurweite	1435 mm
Länge über Puffer	17.040 mm
Dienstgewicht	60,05 t
Treib- und Kuppelraddurchmesser	1600 mm
Achslast	15 t
Höchstgeschwindigkeit	100 km/h
Leistung	k.A.
gefertigte Stückzahl	162 Stück

Die für die London Midland and Scottish Railways (LMS) gefertigte Ivatt-Mogul-Class war eine 1`C-Schlepptenderlokomotive für Güterzug- und gemischten Dienst, aber auch für den Personenzugverkehr auf Nebenbahnen. Zwischen 1947 und 1952 entstanden insgesamt 162 Lokomotiven, an deren Bau sich drei Fabriken beteiligten. Der Betriebsdienst war mit dieser handlichen Lokomotive sehr zufrieden. Infolge der Verstaatlichung der britischen Länderbahnen zur British Railways im Jahr 1948 erhielten nur noch drei Maschinen eine LMS-Betriebsnummer. Die übrigen Lokomotiven wurden mit den Nummern 43003 bis 43161 nach dem neuen BR-System registriert. Die Ausmusterung begann 1963, und im August 1968 rollte die letzte Lokomotive aufs Abstellgleis. Ein Exemplar, die Lok 43106, ist bei den Severn Valley Railways erhalten geblieben.

Die 1`C-Lokomotiven der U-Class wurden in den Jahren 1928 bis 1931 von der britischen Bahngesellschaft Southern Railways in 50 Exemplaren beschafft, die in drei Fabriken gebaut wurden. Sie waren aufgrund ihres relativ großen Treibraddurchmessers in erster Linie für den Reisezugverkehr vorgesehen, wobei sie eine Reihe veralteter 2`B-Lokomotiven ersetzen sollten. Die Lokomotiven konnten die in sie gesetzten Erwartungen erfüllen und versahen auch unter British-Rail-Regie zuverlässig ihren Dienst. 1962 begann die Ausmusterung, und 1966 waren alle 50 Maschinen außer Dienst gestellt. Vier Exemplare entgingen der Verschrottung, darunter die 1928 gebaute Lok 31806, die von der Swanage Railways betriebsfähig erhalten wird.

SOUTHERN RAILWAYS U-CLASS

Verwendungszweck	Schnellzuglokomotive
Erstes Baujahr	1928
Bauart	1`C h2
Spurweite	1435 mm
Länge über Puffer	17.630 mm
Dienstgewicht	112,5 t (mit Tender)
Treib- und Kuppelraddurchmesser	1829 mm
Achslast	14,5 t
Höchstgeschwindigkeit	120 km/h
Leistung	k.A.
gefertigte Stückzahl	50 Stück

BAUREIHE YP (IR)

Verwendungszweck	Schnellzuglokomotive
Erstes Baujahr	1949
Bauart	2`C 1` h2
Spurweite	1000 mm
Länge über Puffer	19.088 mm
Dienstgewicht	99,2 t (mit Tender)
Treib- und Kuppelraddurchmesser	1372 mm
Achslast	10,7 t
Höchstgeschwindigkeit	90 km/h
Leistung	k.A.
gefertigte Stückzahl	871 Stück

Kaum ein anderes Eisenbahnnetz der Welt hatte eine annähernd große Typenvielfalt wie die Indian Railways aufzuweisen. Hinzu kamen vier verschiedene Spurweiten von 1676, 1000, 762 und 610 mm. Vor diesem Hintergrund müssen Modernisierung und Standardisierung seit Kriegsende gesehen werden. Zwischen 1949 und 1970 beschaffte die IR nicht weniger als 871 leistungsfähige Pacific-Lokomotiven der Reihe YP in Meterspur, die von vier verschiedenen Lokomotivfabriken geliefert wurden. Mit 551 Stück der größte Hersteller war die indischen Tata Engineering & Locomotive Company in Jamshedpur. Auf den ersten Blick wirken diese Maschinen wie verkleinerte Ausgaben im typischen US-Design. Bei genauerem Hinsehen erkennt man aber viele indische Baueigenarten, wie das sich in den Tender fortsetzende, mit einem Staubschutz versehene Führerhaus. Bis weit in die 1990er Jahre waren diese leistungsstarken Maschinen noch flächendeckend im Plandienst zu finden. Sie sind mittlerweile aber von Dieselloks verdrängt worden.

Die WG Class der Indian Railways war eine 1`D 1`-Breitspur-Güterzuglokomotive mit Schlepptender. Zwischen 1950 und 1970 wurden 2450 Stück in zehn Lokfabriken gebaut, wobei die meisten Fahrzeuge bei den Chittaranjan-Locomotive-Works im Inland entstanden. Die WG-Lokomotiven waren in vielen Elementen, etwa Kessel und Tenderdrehgestellen, baugleich mit der Schnellzuglok der Reihe WP. Die WG wurde die wichtigste Güterzuglok in der indischen Nachkriegsära und war praktisch in jedem Winkel des Landes anzutreffen. Mitte der 1990er Jahre hatten den breitspurigen Güterverkehr Diesel- und elektrische Lokomotiven komplett übernommen. Am 23. November 1995 endete nach fast 142 Jahren die Ära des Breitspur-Dampfbetriebs in Indien.

BAUREIHE WG (IR)

Verwendungszweck	Güterzuglokomotive
Erstes Baujahr	1950
Bauart	1`D 1` h2
Spurweite	1676 mm
Länge über Puffer	23.040 mm
Dienstgewicht	103,5 t
Treib- und Kuppelraddurchmesser	1562 mm
Achslast	18,8 t
Höchstgeschwindigkeit	80 km/h
Leistung	k.A.
gefertigte Stückzahl	2450 Stück

Die wohl formschönsten Lokomotiven, die für die Indian Railways gebaut wurden, waren die Pacific-Breitspurlokomotiven der WP-Class. 1946 bestellte Indien in den amerikanischen Baldwin-Werken 16 Prototypen dieser mit einer Teilstromlinienverkleidung ausgeführten Reihe. Bis 1957 entstanden zahlreiche weitere Exemplare bei verschiedenen Herstellern in den USA, in Kanada und Österreich. Sogar die Lokomotivfabrik Chrzanow in Polen lieferte ein Baulos von 30 Maschinen. Die letzten 395 Einheiten wurden im Inland in den Chitteranjan-Werken hergestellt.
Die einfachen und robusten Maschinen bewährten sich ausgezeichnet. Hinzu kam, dass sie auch von relativ schlecht qualifiziertem Personal bedient werden konnten. Die Besatzung einer WP bestand aus vier Mann: Lokführer, Kohlentrimmer und zwei Heizer. Die WP war die am häufigsten im hochwertigen Reisezugdienst eingesetzte Schnellzugdampflokomotive. Noch 1990 wurde etwa ein Viertel des gesamten indischen Personenverkehrs von 3336 Dampflokomotiven verschiedener Spurweiten abgewickelt. Dieser Zustand änderte sich aber rasend schnell. Für die WP schlug bereits 1994 die Stunde, als die letzte Maschine aufs Abstellgleis rollte. Immerhin sind sieben Lokomotiven erhalten geblieben.

BAUREIHE WP (IR)

Verwendungszweck	Schnellzuglokomotive
Erstes Baujahr	1946
Bauart	2`C 1` h2
Spurweite	1676 mm
Länge über Puffer	23.610 mm
Dienstgewicht	103,1 t
Treib- und Kuppelraddurchmesser	1705 mm
Achslast	18,8 t
Höchstgeschwindigkeit	110 km/h
Leistung	k.A.
gefertigte Stückzahl	755 Stück

BAUREIHE B 52 (PTKA)

Verwendungszweck	Schmalspurlokomotive
Erstes Baujahr	1908
Bauart	B n2
Spurweite	1067 mm
Länge über Puffer	11.650 mm
Dienstgewicht	16,8 t
Treib- und Kuppelraddurchmesser	1050 mm
Achslast	4,25 t
Höchstgeschwindigkeit	45 km/h
Leistung	255 PSi
gefertigte Stückzahl	34 Stück

Das Streckennetz der Indonesischen Staatsbahn (PJKA) hat im Wesentlichen die Spur 1067 mm, die auf Java und Sumatra während der niederländischen Kolonialzeit angelegt worden war. Das dichteste Eisenbahnnetz besteht auf Java. Dagegen ist die Insel Sumatra nur teilweise und wenig zusammenhängend erschlossen. Ein Sammelsurium von Dampflokomotiven wurde erworben, wobei die Höchstzahl von rund 1200 Maschinen nach Ende des Zweiten Weltkriegs erreicht wurde. Leichter Oberbau und die aufgrund der starken Niederschläge ständig drohende Gefahr von Erdrutschen erforderten äußerst kleine Achslast. Neben moderneren Maschinen standen auch noch wahre Veteranenschätze wie die zwischen 1908 und 1913 von der Sächsischen Maschinenfabrik in Chemnitz ursprünglich als Reihe SCS beschafften und späteren B 52 genannten Loks im Dienst. Das im Oktober 1980 entstandene Foto zeigt Lok B 5204 in Tegal auf Java.

Die ersten Güterzugtenderlokomotiven der D-gekuppelten Reihe 15 wurden 1931 von den Hanomag-Werken in Hannover-Linden beschafft und dort als Baureihe SJS eingeordnet. Der Entwurf basierte im Wesentlichen auf einer bereits 1881 entstandenen Konstruktion. Die Fahrzeuge waren mit Klien-Lindner-Treibachsen mit Außenzylindern ausgerüstet, die einen besseren Bogenlauf in engen Radien ermöglichten. Die Lokomotiven hatten ein sehr langes Leben und wurden in der Masse erst bis 1974 ausgemustert. Ihr letztes Einsatzgebiet war die 40 km lange Linie von Tegal bis Prupuk, wo die Lok D 1502 noch im Oktober 2003 angetroffen wurde.

BAUREIHE D 15 (PTKA)

Verwendungszweck	Güterzuglokomotive
Erstes Baujahr	1931
Bauart	D n2t
Spurweite	1067 mm
Länge über Puffer	k.A.
Dienstgewicht	30 t
Treib- und Kuppelraddurchmesser	870 mm
Achslast	7,5 t
Höchstgeschwindigkeit	45 km/h
Leistung	325 PSi
gefertigte Stückzahl	44 Stück

BAUREIHE 685 (FS)

Verwendungszweck	Schnellzuglokomotive
Erstes Baujahr	1912
Bauart	1`C 1` h4
Spurweite	1435 mm
Länge über Puffer	20.575 mm
Dienstgewicht	72,7 t
Treib- und Kuppelraddurchmesser	1850 mm
Achslast	16 t
Höchstgeschwindigkeit	120 km/h
Leistung	1250 PSi
gefertigte Stückzahl	390 Stück

Von den Schnellzuglokomotiven der Gruppe 685 wurden nicht weniger als 390 Einheiten für die Italienischen Staatsbahnen (FS) gebaut. Diese 1`C 1`-Maschinen boten annähernd die gleichen Leistungen und Laufeigenschaften wie die Pacific-Lokomotiven der Baureihe 690, die jedoch eine größere Achslast auf die Waage brachten. Beiden Konstruktionen gemeinsam waren die eleganten Proportionen des Kessels, die großen Treibräder und das für italienische Dampfloks typische Führerhaus. 123 Exemplare der Baureihe wurden mit Caprotto-Steuerung, fünf weitere mit Franco-Crosti-Vorwärmerkesseln ausgerüstet, die sich aber nicht sonderlich bewährten. Diese zwischen 1912 und 1927 gebauten Maschinen waren die Standard-Schnellzugloks der FS.

Die Lokomotiven der Reihe 835 der Italienischen Staatsbahnen FS (Ferrovie dello Stato Italiane) waren C-gekuppelte Tenderloks für den Rangier- und Übergabedienst. Diesen zwischen 1906 und 1922 in zehn Baulosen von den drei großen Lokomotivfabriken des Landes beschafften einfachen und unverwüstlichen Maschinen war ein sehr langes Einsatzleben beschert, denn die letzte Lokomotive wurde erst 1984 außer Dienst genommen. Es waren die Standard-Rangierlokomotiven, die praktisch auf allen größeren Bahnhöfen des Landes präsent waren. Rund 20 Maschinen sind in den unterschiedlichsten Erhaltungszuständen bis heute erhalten geblieben.

BAUREIHE 835 (FS)

Verwendungszweck	Rangier- und Güterzuglokomotiv
Erstes Baujahr	1906
Bauart	C h2t
Spurweite	1435 mm
Länge über Puffer	9160 mm
Dienstgewicht	45,3 t
Treib- und Kuppelraddurchmesser	1310 mm
Achslast	15,1 t
Höchstgeschwindigkeit	55 km/h
Leistung	370 PSi
gefertigte Stückzahl	370 Stück

LOK NR. 23 (HEDJAZBAHN)

Verwendungszweck	Güterzuglokmotive
Erstes Baujahr	1951
Bauart	1`D 1` h2
Spurweite	1050 mm
Länge über Puffer	k.A.
Dienstgewicht	k.A.
Treib- und Kuppelraddurchmesser	k.A.
Achslast	k.A.
Höchstgeschwindigkeit	k.A.
Leistung	k.A.
gefertigte Stückzahl	k.A.

Die zwischen 1901 und 1908 von der Türkei mit deutscher Unterstützung gebaute 1050-mm-Hedjazbahn führte mit einer Streckenlänge von 1302 km von Damaskus in Syrien nach Medina in Saudi-Arabien. Dass diese topografisch schwierige Strecke trotz glühender Hitze, Sandstürmen und Wassermangel mit ihren 1532 Brücken in dieser unglaublich kurzen Zeit realisiert werden konnte, grenzt an ein Wunder. Die Bahn verfügte über 70 Dampflokomotiven, die anfangs fast ausschließlich aus Deutschland stammten. Nach den Zerstörungen, die mit dem Ersten Weltkrieg einsetzten, ist die Hedjazbahn letztlich wegen der Uneinigkeit der Kolonialmächte und danach der arabischen Nachfolgestaaten nur noch in Teilen befahrbar. Die wenigen noch verkehrenden Züge sind mittlerweile alle verdieselt. Man hält jedoch für Sonderfahrten eine Reihe ölgefeuerter Dampflokomotiven in betriebsfähigem Zustand. Hier ist die 1951 von Robert Stephenson & Hawthorn gebaute Lok Nr. 23 mit einem Sonderzug vor der sehenswerten Kulisse der jordanischen Hauptstadt Amman zu sehen.

Die Lok 71 der nunmehr in Jordan Hedjaz Railways (JHR) umbenannten Bahnverwaltung ist eine 1`D 1`-Schlepptenderlok, die 1955 von der Firma Haine St. Pierre geliefert wurde. Hier sehen wir die schwarz qualmende Maschine, wie sie am 8. September 1997 mit einem Sonderzug für Eisenbahnfreunde die im Hintergrund sichtbare Altstadt von Amman passiert.

LOK NR. 71 (HEDJAZBAHN)

Verwendungszweck	Güterzuglokomotive
Erstes Baujahr	1955
Bauart	1`D 1` h2
Spurweite	1050 mm
Länge über Puffer	k.A.
Dienstgewicht	k.A.
Treib- und Kuppelraddurchmesser	k.A.
Achslast	k.A.
Höchstgeschwindigkeit	k.A.
Leistung	k.A.
gefertigte Stückzahl	k.A.

BAUREIHE 19 S 908 (ENFE)

Verwendungszweck	Güterzuglokomotive
Erstes Baujahr	1927
Bauart	1`D h2
Spurweite	1067 mm
Länge über Puffer	17.453 mm (mit Tender)
Dienstgewicht	68 t
Treib- und Kuppelraddurchmesser	1370 mm
Achslast	13,6 t
Höchstgeschwindigkeit	35 km/h
Leistung	k.A.
gefertigte Stückzahl	k.A.

Die ölgefeuerte 1`D 1`-Schlepptenderlokomotive Nr. 51 der Hedjazbahn wurde 1955 von der deutschen Lokomotivfabrik Arnold Jung in Jungenthal/Sieg an diese Bahn geliefert. An einem Septembertag des Jahres 1997 befährt diese Lokomotive mit einem Sonderzug den berühmten einem römischen Aquädukt nachempfundenen Jesin-Viadukt am Rande Ammans.

LOK NR. 162 (HEDJAZBAHN)

Verwendungszweck	Güterzuglokomotive
Erstes Baujahr	1914
Bauart	1`D h2
Spurweite	1050 mm
Länge über Puffer	k.A.
Dienstgewicht	k.A.
Treib- und Kuppelraddurchmesser	k.A.
Achslast	k.A.
Höchstgeschwindigkeit	k.A.
Leistung	k.A.
gefertigte Stückzahl	k.A.

Auf dem noch in Betrieb befindlichen syrischen Teil der Hedjazbahn durchquert die 1914 von den Berliner Borsig-Werken gebaute 1`D-Schlepptenderlokomotive Nr. 162 die Wüste in der Nähe von Bosra im südlichen Syrien.

Die Lok Nr. 61 ist eine 1955 von der Firma Haine St. Pierre an die Hedjazbahn gelieferte 1`C 1`-Tendermaschine, die im goldenen Licht eines Septemberabends 1996 einen Personenzug im Bahnhof Amman bereitstellt.

LOK NR. 61 (HEDJAZBAHN)

Verwendungszweck	Güterzuglokomotive
Erstes Baujahr	1955
Bauart	1`C 1` h2t
Spurweite	1050 mm
Länge über Puffer	k.A.
Dienstgewicht	k.A.
Treib- und Kuppelraddurchmesser	k.A.
Achslast	k.A.
Höchstgeschwindigkeit	k.A.
Leistung	k.A.
gefertigte Stückzahl	k.A.

Die Staatsbahnen des Königreichs der Serben, Kroaten und Slowenen (SHS) beschafften zwischen 1912 und 1922 insgesamt 126 Lokomotiven von der Maschinenfabrik Karlsruhe. Eine größere Zahl davon wurde als Reparationsleistung ausgeführt. Die Loks waren auf dem gesamten Streckennetz Jugoslawiens vor Schnell- und Personenzügen im Einsatz. Die letzten Maschinen wurden erst 1985 abgestellt. Seit 1996 steht die wieder betriebsfähige Lokomotive als JZ 01-088 im Sonderzugeinsatz. Hier wurde die Maschine bei einem Fotohalt in der wildromantischen Schlucht bei Hacia Nic in Ostserbien auf den Film gebannt.

BAUREIHE 01 (JZ)

Verwendungszweck	Schnellzuglokomotive
Erstes Baujahr	1912
Bauart	1`C 1` h4
Spurweite	1435 mm
Länge über Puffer	20.570 mm
Dienstgewicht	72 t
Treib- und Kuppelraddurchmesser	1850 mm
Achslast	14,5 t
Höchstgeschwindigkeit	90 km/h
Leistung	k.A.
gefertigte Stückzahl	126 Stück

BAUREIHE 06 (JZ)

Verwendungszweck	Schnellzuglokomotive
Erstes Baujahr	1929
Bauart	1`D 1` h2
Spurweite	1435 mm
Länge über Puffer	21.900 mm
Dienstgewicht	108 t
Treib- und Kuppelraddurchmesser	1600 mm
Achslast	18 t
Höchstgeschwindigkeit	85 km/h
Leistung	2000 PSi
gefertigte Stückzahl	30 Stück

Ab 1929 wurde die Reihe JDZ 06 (ab 1954 JZ-Reihe 06) als speziell auf Gebirgsstrecken einzusetzende Schnell- und Personenzug-Schlepptenderlok für die Jugoslawische Staatsbahn gebaut. Der Bau erfolgte zusammen mit den JDZ-Reihen 05 und 30 von den Berliner Firmen Borsig und Berliner Maschinenbau AG (vormals Schwartzkopff). Alle drei Reihen basierten auf den Baugrundsätzen der Einheitslokomotiven der DRG, wobei sie eine große Zahl austauschbarer Teile aufwiesen. Im Betriebsdienst bewährten sich die Maschinen ausgezeichnet.

Auch von den während des Zweiten Weltkriegs zu Tausenden gefertigten Kriegsloks der DRG-Baureihe 52 blieben viele Maschinen auf jugoslawischem Territorium. Sie wurden von der Staatsbahn als Baureihe 33 in Dienst genommen. Die einfachen und robusten Lokomotiven waren für die nächsten Jahrzehnte für den Betriebsdienst unverzichtbar und bis weit in die 1980er Jahre unterwegs. Verschiedene Maschinen wurden an Werksbahnen und Kohlengruben abgegeben. So auch die Lok 33.064, die von den Kreka-Kohlengruben in Bosnien für Rangieraufgaben und Übergabeverkehr von Tuzla nach Bukinje eingesetzt wird. Hier wartet die bestens gepflegte Lok im April 1997 vor einem solchen Zug auf Ausfahrt.

BAUREIHE 33 (JZ)

Verwendungszweck	Güterzuglokomotive
Erstes Baujahr	1942
Bauart	1`E h2
Spurweite	1435 mm
Länge über Puffer	22.975 mm
Dienstgewicht	84 t
Treib- und Kuppelraddurchmesser	1400 mm
Achslast	15,4 t
Höchstgeschwindigkeit	80 km/h
Leistung	1620 PSi
gefertigte Stückzahl	6700 Stück

REIHE 51 (JZ)

Verwendungszweck	Güterzuglokomotive
Erstes Baujahr	1912
Bauart	1`C 1` n2vt (oder h2vt)
Spurweite	1435 mm
Länge über Puffer	10.930 mm
Dienstgewicht	59,9 t
Treib- und Kuppelraddurchmesser	1180 mm
Achslast	12 t
Höchstgeschwindigkeit	60 km/h
Leistung	580 PSi
gefertigte Stückzahl	596 Stück

Nach Kriegsende wurden insgesamt 166 Einheiten der zwischen 1907 und 1943 als Baureihe 375 für die Ungarische Staatsbahn (MAV) gebauten Personenzugtenderlokomotiven als Reihe 51 von der Jugoslawischen Staatsbahn in Dienst gestellt. Es handelte sich um 1`C 1`-Naßdampf-Zweizylinder-Verbundmaschinen, die zum Schluss in Heißdampftechnik ausgeführt wurden. Die Lokomotiven wurden hauptsächlich für Nebenbahndienste eingesetzt. Die letzten dieser Universalmaschinen wurden 1972 ausgemustert.

Nach dem Zweiten Weltkrieg kamen insgesamt 106 überzählige US-Army-Dreikuppler des United States Army Transportation Corps der Reihe S 100 zur Jugoslawischen Staatsbahn. Diese einfachen Nassdampfmaschinen wurden zwischen 1942 und 1944 für den Kriegseinsatz gefertigt. Weitere 90 Stück wurden mit einigen technischen Unterschieden im eigenen Land zwischen 1952 und 1961 von einer kroatischen Lokfabrik nachgebaut. Die Änderungen betrafen hauptsächlich den anstelle des Barrenrahmens verwendeten Blechrahmen. Die Lokomotiven wurden überwiegend im Rangierdienst verwendet. Einige wenige befinden sich noch heute bei den Werksbahnen von Kohlengruben im Einsatzdienst.

BAUREIHE 62 (JZ)

Verwendungszweck	Rangierlokomotive
Erstes Baujahr	1942
Bauart	C n2t
Spurweite	1435 mm
Länge über Puffer	8990 mm
Dienstgewicht	45,65 t
Treib- und Kuppelraddurchmesser	1372 mm
Achslast	15,3 t
Höchstgeschwindigkeit	45 km/h
Leistung	k.A.
gefertigte Stückzahl	362 Stück

BAUREIHE L (LG)

Verwendungszweck	Güterzuglokomotive
Erstes Baujahr	1945
Bauart	1`E h2
Spurweite	1534 mm
Länge über Puffer	k.A.
Dienstgewicht	103,8 t
Treib- und Kuppelraddurchmesser	1500 mm
Achslast	18 t
Höchstgeschwindigkeit	80 km/h
Leistung	2200 PSi
gefertigte Stückzahl	5200 Stück

Der Triebfahrzeugpark der 1991 neugegründeten Litauischen Staatsbahn bestand anfangs überwiegend aus Fahrzeugen sowjetischer Fabrikation. Dazu gehörten auch Dampfloks der nach Kriegsende in riesigen Stückzahlen gebauten Reihe L, die vermutlich aber zu der Zeit nicht mehr im Dienst gestanden hatten. Diese noch während des Krieges begonnene Konstruktion besaß eine sehr hohe Kessellage. Die Verkleidung zwischen Dampfdom und Schornstein verdeckte eine Dampftrocknerleitung. Als erste sowjetische Dampflok verfügten die Maschinen über Boxpokräder, die später zum Standard wurden. Ihre maximale Achslast von 18 t machte sie auch auf Strecken mit leichterem Oberbau verwendbar. Bis Anfang der 1970er Jahre wurde sie zur Standard-Güterzuglok auf den Hauptstrecken der Sowjetischen Staatsbahn. Die Maschinen waren in allen Regionen vertreten und kamen natürlich auch in Litauen zum Einsatz. Dieses Foto zeigt die Lokomotiven 312 und 5225 dieser Baureihe im Bahnbetriebswerk Jelgava.

BAUREIHE YD (MR)

Verwendungszweck	Güterzuglokomotive
Erstes Baujahr	1947
Bauart	1`D 1` h2
Spurweite	1000 mm
Länge über Puffer	18.320 mm
Dienstgewicht	56,6 t
Treib- und Kuppelraddurchmesser	1200 mm
Achslast	9,5 t
Höchstgeschwindigkeit	50 km/h
Leistung	k.A.
gefertigte Stückzahl	44 Stück

Die Republik Myanmar ist im deutschen Sprachraum wie international nach wie vor in den Schreibweisen Birma und Burma bekannt. Der Ursprung des nahezu ausschließlich in Meterspur errichteten Eisenbahnnetzes liegt in der britischen Kolonialzeit. Die Bahnen im Land haben unter den Kriegsfolgen sehr gelitten. Zunächst bildeten japanische und alliierte Fahrzeuge den Grundstock des rollenden Materials. Ende der 1940er Jahre begann das Land neue Lokomotiven in größeren Stückzahlen von britischen Herstellern zu beschaffen. Diese Lokomotiven basierten weitgehend auf Vorkriegsentwürfen.

Die Pacific-Lokomotiven der YB-Reihe wurden ab 1947 von Vulcan Foundry Ltd. An die Eisenbahnen in Burma geliefert. Diese einfachen und zuverlässigen Maschinen waren die Standard-Lokomotiven nicht nur im Reisezugdienst, sondern auch als Universalloks für Güterzüge im Land und trugen über viele Jahre die Hauptlast auf nahezu allen Strecken. Durch ihre niedrige Achslast konnten diese mit Belpaire-Feuerbüchse und Verbrennungskammerkessel ausgerüsteten Maschinen praktisch auf allen Linien eingesetzt werden. Einige wenige Maschinen, darunter die bestens gepflegte Lok 508, sind betriebsfähig erhalten geblieben.

BAUREIHE YB (MR)

Verwendungszweck	Personenzuglokomotive
Erstes Baujahr	1947
Bauart	2`C 1` h2
Spurweite	1000 mm
Länge über Puffer	18.410
Dienstgewicht	51,75 t
Treib- und Kuppelraddurchmesser	1500 mm
Achslast	10 t
Höchstgeschwindigkeit	70 km/h
Leistung	k.A.
gefertigte Stückzahl	50 Stück

Die Nepal Railways Corp. Ltd. ist ein Staatsunternehmen, das die einzige Bahnstrecke des Landes betreibt. Diese erst 1928 in Betrieb genommene Linie ist 29 km lang und führt von Janakpur ins indische Jaynagar. Ein weiteres Teilstück ist derzeit nicht befahrbar. Aufgrund des schlechten Streckzustandes ist selten eine höhere Geschwindigkeit als 15 km/h möglich. Die Spurweite der Bahn beträgt 762 mm. Das geringe Verkehrsaufkommen wurde bis 1994 ausschließlich mit Dampf abgewickelt. Seither befinden sich vier von Indien übernommene Dieselloks im Einsatz. In Khajuri, der letzten Station vor der indischen Grenze, befindet sich die Betriebswerkstatt der Bahn. Dort sind auch die letzten Dampfloks stationiert, die fallweise für Sonderfahrten – im Übrigen zu exorbitanten Preisen – gechartert werden können. Im November 1984 entstand das Foto der 1962 von Hunslet Engine Co. in Leeds gelieferten Lok Surya, einer C 1`-Tenderlok, im Bahnhof Khatjuri.

LOK SURYA (NRC)

Verwendungszweck	Mehrzwecklokomotive
Erstes Baujahr	1962
Bauart	C 1` h2
Spurweite	762 mm
Länge über Puffer	k.A.
Dienstgewicht	24,6 t
Treib- und Kuppelraddurchmesser	k.A.
Achslast	6,1 t
Höchstgeschwindigkeit	k.A.
Leistung	k.A.
gefertigte Stückzahl	k.A.

BAUREIHE 214 (ÖBB)

Verwendungszweck	Schnellzuglokomotive
Erstes Baujahr	1928
Bauart	1`D 2` h2
Spurweite	1435 mm
Länge über Puffer	22.580 mm
Dienstgewicht	118 t
Treib- und Kuppelraddurchmesser	1900 mm
Achslast	18 t
Höchstgeschwindigkeit	110 km/h
Leistung	2940 PSi
gefertigte Stückzahl	13 Stück

Die Loks der Reihe 214 der Österreichischen Bundesbahnen waren nicht nur die schönsten Schnellzuglokomotiven der Alpenrepublik, sondern zählen auch zu den eindrucksvollsten Dampflokomotiven Europas. Ihr Bau wurde aufgrund der ständig steigenden Zuglasten auf der Westbahn von Wien nach Salzburg erforderlich. Anhängelasten von 700 – 800 t waren die bisherigen Pacific-Lokomotiven nicht mehr gewachsen. Die ab 1928 gebaute Reihe 214 mit ihrer ungewöhnlichen Achsanordnung 1`D 2` stand für hohe Zugkraft und sollte Abhilfe schaffen. Mit dieser Maschine ließ sich die 317 km lange kurvenreiche Strecke mit einer Durchschnittsgeschwindigkeit von 100 km/h zurücklegen. Die Höchstgeschwindigkeit war auf 110 km/h begrenzt, bei Probefahrten wurden allerdings bis zu 156 km/h erreicht. Bis 1936 entstanden 13 Einheiten, die zunächst auf der Westbahn eingesetzt wurden. Nach deren Elektrifizierung bot sich für die starken Maschinen kein geeignetes Einsatzfeld mehr, sodass sie bereits 1956 abgestellt wurden. Die abgebildete 12.14 ist eine von der Rumänischen Staatsbahn übernommene, fast baugleiche Maschine.

12.14

BAUREIHE 310 (ÖBB)

Verwendungszweck	Schnellzuglokomotive
Erstes Baujahr	1911
Bauart	1`C 2` h4v
Spurweite	1435 mm
Länge über Puffer	21.404 mm
Dienstgewicht	86 t
Treib- und Kuppelraddurchmesser	2140 mm
Achslast	14,5 t
Höchstgeschwindigkeit	100 km/h
Leistung	1800 PSi
gefertigte Stückzahl	90 Stück

Die österreichische Schnellzug-Baureihe 310 wurde zwischen 1911 und 1916 von der k.k. österreichischen Staatsbahn (kkStB) beschafft. Am Bau der insgesamt 90 Lokomotiven beteiligten sich mehrere Lokomotivhersteller. Bei der Konstruktion war zu berücksichtigen, dass sowohl die Achslasten als auch die Drehscheibenmaße enge Grenzen setzten. Hinzu kam, dass die Maschine für die Verfeuerung minderwertiger einheimischer Kohle ausgelegt sein musste, was eine große Rostfläche erforderte. Unter diesen schwierigen Vorgaben entwarf Chefkonstrukteur Karl Gölsdorf mit seiner 1`C 2`-Schlepptenderlok mit Heißdampf-Vierzylinder-Verbundtriebwerk ein Meisterstück. Die hochrädrigen, aber technisch anspruchsvollen Maschinen bewährten sich als Flachlandrenner ausgezeichnet. Wegen des größeren Wartungsaufwands des Vierzylindertriebwerks wurden die letzten Maschinen bis 1957 abgestellt.

Wachsende Zuglasten und immer mehr Reisezugwagen in Stahl- statt Holzkonstruktion machten nach dem Ersten Weltkrieg den Bau neuer Lokomotiven für die Westbahn notwendig. Gebaut wurden zwischen 1923 und 1928 große Schnellzugmaschinen mit der Achsfolge 2` D, deren Konstruktion sich mit zahlreichen Verbesserungen an die Südbahn-Reihe 570 anlehnte. Die sehr zugkräftigen Maschinen waren beim Personal beliebt und wurden im hochwertigen Reisezugdienst verwendet. Obwohl bei Probefahrten Geschwindigkeiten um die 130 km/h bei großer Laufruhe erreicht wurden, wurden die Loks unerklärlicherweise nur für 100 km/h zugelassen. Später wurde die Geschwindigkeit sogar noch auf 85 km/h reduziert. Abgesehen von diesem Manko erfüllten die Loks ihre Aufgaben bis zum Ende des Dampfbetriebes zufriedenstellend. Bis 1968 wurden alle ausgemustert.

BAUREIHE 33 (ÖBB)

Verwendungszweck	Schnellzuglokomotive
Erstes Baujahr	1923
Bauart	2`D h2
Spurweite	1435 mm
Länge über Puffer	20.698 mm
Dienstgewicht	85,2 t
Treib- und Kuppelraddurchmesser	1740 mm
Achslast	14,2 t
Höchstgeschwindigkeit	100 (85) km/h
Leistung	1610 PSi
gefertigte Stückzahl	40 Stück

BAUREIHE 919 (ÖBB)

Verwendungszweck	Schnellzuglokomotive
Erstes Baujahr	1932
Bauart	1`D 1` h2
Spurweite	1435 mm
Länge über Puffer	23.900 mm
Dienstgewicht	106,2 t
Treib- und Kuppelraddurchmesser	1850 mm
Achslast	17,8 t
Höchstgeschwindigkeit	110 km/h
Leistung	2000 PSi
gefertigte Stückzahl	98 Stück

Bei der Gründung der Polnischen Staatsbahn (PKP) 1918 fanden sich mehr als 160 verschieden Lokomotivgattungen aus allen Nachbarländern im Bestand. Bei Neukonstruktionen orientierte man sich an den in Deutschland entwickelten Einheitslokomotiven. Nach diesen Vorgaben entstanden ab 1932 insgesamt 98 1`D 1`-Schlepptender-Schnellzugmaschinen der Reihe Pt 31. Nach Kriegsende waren diese überaus leistungsfähigen Loks über ganz Mitteleuropa verstreut. Drei Maschinen blieben als Baureihe 919 bei der ÖBB auf der West- und Südbahn bis Mitte 1961 vor Reisezügen im Einsatz. Im Jahr 1989 erwarb eine österreichische Privatfirma von der nachfolgenden Serie Pt 47 die Pt 47.138 bei der PKP in Polen. Diese weitgehend baugleiche Lok wurde in Österreich überholt und dem äußeren Erscheinungsbild der Reihe 919 angepasst.

In Österreich befanden sich nach Kriegsende mehr als 700 Lokomotiven der DRG-Baureihe 52, von denen im Jahr 1953 letztlich noch 307 in den ÖBB-Bestand übernommen wurden. Diese ehemaligen Kriegsloks waren manchen Umbauten unterworfen und erhielten einen Kabinentender für das Zugbegleitpersonal. Aufgrund ihrer großen Zahl dominierten sie den Dampfbetrieb im Österreich der Nachkriegszeit und waren im ganzen Land präsent. Als Universallokomotiven waren sie nicht nur im Güterverkehr unentbehrlich, sie bespannten auch alle Arten von Reisezügen.
Erst zum Jahreswechsel 1976/77 schieden die letzten Maschinen aus dem Planbetrieb aus. Auf Privatbahnen standen die Loks noch einige Zeit länger im Einsatz. Zahlreiche Maschinen sind teilweise betriebsfähig erhalten geblieben.

BAUREIHE 52 (ÖBB)

Verwendungszweck	Güterzuglokomotive
Erstes Baujahr	1942
Bauart	1`E h2
Spurweite	1435 mm
Länge über Puffer	22.975 mm
Dienstgewicht	84 t
Treib- und Kuppelraddurchmesser	1400 mm
Achslast	15,4 t
Höchstgeschwindigkeit	80 km/h
Leistung	1620 PSi
gefertigte Stückzahl	6700 Stück

BAUREIHE 50 (ÖBB)

Verwendungszweck	Güterzuglokomotive
Erstes Baujahr	1939
Bauart	1`E h2
Spurweite	1435 mm
Länge über Puffer	22.940 mm
Dienstgewicht	86,9 t
Treib- und Kuppelraddurchmesser	1400 mm
Achslast	15,2 t
Höchstgeschwindigkeit	80 km/h
Leistung	1625 PSi
gefertigte Stückzahl	3164 Stück

Auch von der DRG-Baureihe 50 verblieben nach Kriegsende zahlreiche Exemplare in anderen Staaten. In Österreich fand die ÖBB 17 Lokomotiven vor, von denen wegen der Beschädigungen nur zwölf in Betrieb genommen wurden. 1972 wurde die 1942 bei den Skoda-Werken in Pilsen gebaute 50 1171 an die Graz-Köflacher Eisenbahn verkauft, wo sie bis 1994, zuletzt nur noch vor Sonderzügen, im Einsatz stand. Die Maschine befindet sich heute in Privathand, ist mit großen Wagner-Windleitblechen ausgerüstet und derzeit wieder betriebsfähig.

Die Tenderschnellzuglokomotive der Baureihe 78 wurde ab 1931 für den schweren Schnellzugdienst auf kurzen Strecken ohne Wendemöglichkeit durch Drehscheiben gebaut. Mit der preußischen T 18 und Baureihe 78 hat diese Maschine lediglich die DRG-Baureihenbezeichnung gemeinsam. Die ersten zehn Lokomotiven wurden noch unter der BBÖ-Baureihenbezeichnung 729 beschafft. Bis 1938 folgten weitere 16 Maschinen. Aufgrund ihrer für eine Tenderlokomotive großen Vorräte kamen die Lokomotiven – entgegen der ursprünglichen Planung – sofort auf den österreichischen Hauptstrecken zum Einsatz. Die neuen Maschinen überzeugten mit Schnelligkeit, Leistung und Laufruhe. Ab 1956 wurden alle Maschinen mit Giesl-Flachejektoren ausgerüstet und damit die modernsten Dampflokomotiven Österreichs.

BAUREIHE 78 (ÖBB)

Verwendungszweck	Schnellzuglokomotive
Erstes Baujahr	1931
Bauart	2`C 2` h2t
Spurweite	1435 mm
Länge über Puffer	113 t
Dienstgewicht	14.990 mm
Treib- und Kuppelraddurchmesser	1614 mm
Achslast	16 t
Höchstgeschwindigkeit	105 km/h
Leistung	1800 PSi
gefertigte Stückzahl	26 Stück

BAUREIHE 209 (ÖBB)

Verwendungszweck	Schnellzuglokomotive
Erstes Baujahr	1910
Bauart	2`C h2
Spurweite	1435 mm
Länge über Puffer	13.375 mm
Dienstgewicht	66,9 t
Treib- und Kuppelraddurchmesser	1740 mm
Achslast	14,4 t
Höchstgeschwindigkeit	90 km/h
Leistung	1500 PSi
gefertigte Stückzahl	53 Stück

Die Südbahn-Baureihe 209 war eine zwischen 1910 und 1930 in mehreren Baulosen beschaffte Schnellzuglokomotive, die in ihrer Geschichte von insgesamt sechs verschiedenen Bahngesellschaften eingesetzt wurde. Die 2`C- Maschine stellte gleichzeitig den technischen Höhepunkt dieser Achsfolge in Österreich dar. Bei Probefahrten erreichten diese Lokomotiven anstandslos 118 km/h Höchstgeschwindigkeit. Nach dem Ersten Weltkrieg wurden die Maschinen in alle Winde verstreut. Nur 17 blieben in Österreich, andere kamen nach Ungarn, Italien und Jugoslawien.
1967 schieden die letzten österreichischen Loks aus dem Betriebsdienst. Die letzten in Jugoslawien als Reihe 03 registrierten Exemplare folgten ein Jahr später. Die 03.002 ist bei den Slowenischen Eisenbahnen betriebsfähig erhalten geblieben. Hier ist die Maschine am 19. Oktober 1993 auf der Drehscheibe des Bw Knittelfeld zu sehen.

Um den Verkehr auf den österreichischen Nebenbahnen zu beschleunigen, beschaffte die BBÖ zwischen 1927 und 1931 insgesamt 167 Lokomotiven der Reihe 378, die später unter der Baureihenbezeichnung 93 eingeordnet wurden. Sehr vorteilhaft war die Gleichheit vieler Baugruppen mit der Rangierlok der Baureihe 478. In Österreich waren diese bewährten Lokomotiven dank der niedrigen Achslast auf fast allen Nebenstrecken zu finden. Sie waren lange Zeit unentbehrlich und gehörten zu den letzten dort eingesetzten Dampflokomotiven. Einige Exemplare bildeten über das offizielle Dampfende hinaus bis 1982 eine so genannte strategische Reserve. Knapp 20 Maschinen sind in Österreich und Jugoslawien erhalten geblieben. Lok 93 1394 wird betriebsfähig von der Österreichischen Gesellschaft für Eisenbahngeschichte (ÖGEG) betreut.

BAUREIHE 93 (ÖBB)

Verwendungszweck	Tenderlokomotive
Erstes Baujahr	1927
Bauart	1`D 1` h2t
Spurweite	1435 mm
Länge über Puffer	11.960 mm
Dienstgewicht	66 t
Treib- und Kuppelraddurchmesser	1140 mm
Achslast	11 t
Höchstgeschwindigkeit	60 km/h
Leistung	700 PSi
gefertigte Stückzahl	167 Stück

DT 1 (ÖBB)

Verwendungszweck	Dampftriebwagen
Erstes Baujahr	1935
Bauart	1`B 1` h2t
Spurweite	1435 mm
Länge über Puffer	11.200 mm
Dienstgewicht	47,2 t
Treib- und Kuppelraddurchmesser	1450 mm
Achslast	11,8 t
Höchstgeschwindigkeit	100 km/h
Leistung	400 PSi
gefertigte Stückzahl	20 Stück

Die zwischen 1935 und 1938 beschafften Dampftriebwagen DT 1 (später Reihe 3071) der ÖBB waren schnelle, von ihrem Erscheinungsbild aus dem üblichen Rahmen fallende Tenderlokomotiven mit einem hinter dem Führerstand angeordneten großen Gepäckraum. Obwohl diese Fahrzeuge für den leichten Schnellzugdienst konzipiert waren, wurden sie überwiegend auf Nebenbahnen eingesetzt. Hier waren diese bei Versuchsfahrten bis zu 136 km/h schnellen Fahrzeuge aber eher fehl am Platze. Die meisten der 18 nach Kriegsende noch vorhandenen Loks wurden schon bald ausgemustert. Die letzten Fahrzeuge überlebten allerdings bis 1968. Einzig DT 1.07 ist betriebsfähig erhalten geblieben, wie es auf diesem am 10. August 2008 in Ernstbrunn entstandenen Foto dokumentiert ist.

Die beiden 1942 nach langer Entwicklungszeit an die österreichische Erzbergbahn gelieferten Zahnrad-Tenderlokomotiven der Baureihe 974 (später ÖBB-Reihe 297) waren die größten und stärksten Zahnradlokomotiven der Welt – aber auch die kompliziertesten. Obwohl diese gewaltigen Maschinen dreimal so stark waren wie die ursprünglichen Erzberg-Zahnradloks der Reihe 97 und auch der stärkeren 973 um etwa 85 % überlegen waren, blieben die Lokomotiven den Beweis ihrer betrieblichen Bewährung schuldig. Es traten laufend Störungen an den technisch sehr anspruchsvollen Maschinen auf.
Hinzu kam, dass sie aufgrund des zu hohen Gewichts nur auf der Erzberg-Südrampe zwischen Vordernberg und Erzberg eingesetzt werden konnten. Die 97 402 wurde bereits 1949 ausgemustert und als Ersatzteilspender verwendet, während ihre Schwestermaschine in 297 401 umgezeichnet wurde.

BAUREIHE 974 (297) ÖBB

Verwendungszweck	Zahnradlokomotive
Erstes Baujahr	1942
Bauart	1` F 1` h2zz(2)t
Spurweite	1435 mm
Länge über Puffer	14.800 mm
Dienstgewicht	125 t
Treib- und Kuppelraddurchmesser	1050 mm
Achslast	15,6 t
Höchstgeschwindigkeit	30 km/h
Leistung	1100 PSi
gefertigte Stückzahl	2 Stück

Die Reihe U der k.k. Österreichischen Staatsbahn war eine zwischen 1897 und 1922 gelieferte Schmalspurlokomotive für 760 mm Spurweite. Der Buchstabe „U" weist auf das erste Einsatzgebiet Unzmarkt/Murtalbahn hin. Es war ein Einheitstyp, den die kkStB für viele ihrer Schmalspurstrecken von verschiedenen heimischen Lokomotivherstellern beschaffte. Die Maschinen unterschieden sich meist nur in wenigen Details voneinander. Bei dieser bewährten Konstruktion standen Einfachheit und Zweckmäßigkeit an erster Stelle. Entsprechend zufrieden war das Personal mit diesen Maschinen. Ihr planmäßiger Einsatz endete mit der Betriebseinstellung auf der Steyrtalbahn erst 1981. Mehrere Lokomotiven konnten zum Glück vor der Verschrottung bewahrt werden und verkehren auf verschiedenen Linien vor Touristen- oder Sonderzügen. Dieses Bild zeigt die 298 056 im Sommer 1976 bei der Fahrt durch Grünburg.

BAUREIHE 298 (ÖBB)

Verwendungszweck	Schmalspurlokomotive
Erstes Baujahr	1897
Bauart	C 1` n2
Spurweite	760 mm
Länge über Puffer	7182 mm
Dienstgewicht	24,3 t
Treib- und Kuppelraddurchmesser	820 mm
Achslast	6,1 t
Höchstgeschwindigkeit	35 km/h
Leistung	200 PSi
gefertigte Stückzahl	54 Stück

298.56

Im Herbst 1977 begegnet uns nochmal die 760-mm-Schmalspurlokomotive 298.56 mit einem planmäßigen Personenzug der Steyrtalbahn – hier auf dem landschaftlich reizvollen Abschnitt zwischen dem Haltepunkt Sommerhubermühle und dem Bahnhof Grünburg.

Die Schmalspurlokomotive der ÖBB-Reihe 699 war eine in Frankreich fürs deutsche Militär gebaute Heeresfeldbahnlokomotive, von der nach Kriegsende sieben Exemplare von österreichischen Bahnen übernommen wurden. Vier dieser Schlepptenderlokomotiven, darunter auch die seit 1972 bei der Steyrtalbahn eingesetzte und mit Giesl-Flachejektor ausgerüstete Lok 699.103, wurden zu Tenderloks mit vergrößertem Wasserkasten umgebaut. 699.103 bespannte – hier aufgenommen im Herbst 1977 bei der Ausfahrt aus Grünburg in Richtung Molln – bis zur Streckenstilllegung 1982 vorwiegend Güterzüge. Die Maschine wird seither von der Österreichischen Gesellschaft für Eisenbahngeschichte erhalten, ist aber derzeit nicht betriebsfähig.

BAUREIHE 699 (ÖBB)

Verwendungszweck	Schmalspurlokomotive
Erstes Baujahr	1944
Bauart	D h2t
Spurweite	760 mm
Länge über Puffer	12.205 mm
Dienstgewicht	22 t
Treib- und Kuppelraddurchmesser	650 mm
Achslast	5,5 t
Höchstgeschwindigkeit	35 km/h
Leistung	160 PSi
gefertigte Stückzahl	4 Stück

Die ÖBB-Schmalspurbaureihe 399 ist die frühere Reihe Mh der Niederösterreichischen Landesbahnen (NÖLB), die ursprünglich für die Bergstrecke der Mariazellerbahn beschafft wurde. Um ein möglichst hohes Reibungsgewicht von mindestens 30 t zu erzielen und einen guten Kurvenlauf zu gewährleisten, wählte man eine Konstruktion als Stütztenderlokomotive. Nach der Elektrifizierung der Mariazellerbahn wurden die Lokomotiven zu anderen österreichischen Schmalspurbahnen umgesetzt.
Ab etwa 1970 konzentrierte sich der gesamte Bestand auf die Schmalspurbahnen im Waldviertel. Dort waren die leistungsstarken Loks bis Mitte der 1980er Jahre vor allem im schweren Güterverkehr auf den steigungsreichen Linien unentbehrlich. Nach Einstellung der Steyrtalbahn im Jahr 1982 war das Waldviertel die letzte Region in Österreich, wo Dampflokomotiven fahrplanmäßig im alltäglichen Einsatz standen. Auf diesem Bild verlässt an einem sonnigen Oktobertag des Jahres 1980 die Lok 399 003 mit mächtiger Qualmentwicklung den 262 m langen Großen Bruderndorfer Tunnel.

BAUREIHE 399 (ÖBB)

Verwendungszweck	Schmalspurlokomotive
Erstes Baujahr	1906
Bauart	D h2St
Spurweite	760 mm
Länge über Puffer	11.665 mm
Dienstgewicht	45,8 t
Treib- und Kuppelraddurchmesser	920 mm
Achslast	7,6 t
Höchstgeschwindigkeit	40 km/h
Leistung	420 PSi
gefertigte Stückzahl	6 Stück

Nach dem Wassernehmen am Haltepunkt Glaslbremse setzt an einem Septembertag des Jahres 1977 die Zahnradlokomotive 97 204 mit Unterstützung einer baugleichen Lok am Zugende ihren Leerwagenzug in Richtung Präbichl wieder in Bewegung. Die Erzbergbahn war mit 71 Promille die steilste normalspurige Zahnradbahn Österreichs. Nachdem Ende 1978 die letzten Züge über die Erzbergbahn verkehrten, wurde die Zahnstange auf der gesamten Strecke entfernt und somit ein möglicher Museumsverkehr auf Dauer vereitelt.

BAUREIHE 97 (ÖBB)

Verwendungszweck	Zahnradlokomotive
Erstes Baujahr	1890
Bauart	C 1`zztn2
Spurweite	1435 mm
Länge über Puffer	10.580 mm
Dienstgewicht	59 t
Treib- und Kuppelraddurchmesser	1030 mm
Achslast	14,8 t
Höchstgeschwindigkeit	30 km/h (Zahnradbetrieb 15 km/h)
Leistung	425 PSi
gefertigte Stückzahl	18 Stück

Die seit 1953 als Baureihe 97 bezeichneten Lokomotiven waren die ältesten und stückzahlmäßig stärksten Zahnradlokomotiven Österreichs. Sie wurden zwischen 1890 und 1908 in mehreren Serien ausschließlich für die Erzbergbahn beschafft. Diese Strecke überwindet auf knapp 13 km einen Höhenunterschied von 436 m, was damals nur mittels Zahnstangenbetrieb möglich war. Fünf Lokomotiven wurden mit einem Giesl-Ejektor ausgerüstet. Diesen robusten und einfachen Nassdampfmaschinen war ein außergewöhnlich langes Einsatzleben beschieden. Erst Ende 1978, mit dem Ende des Zahnradbetriebs auf dieser Linie, mussten die teilweise fast 90 Jahre alten Maschinen den Dienst quittieren. Einige Lokomotiven blieben in nicht betriebsfähigem Zustand der Nachwelt erhalten. Dieses im September 1977 aufgenommene Foto zeigt einen von zwei Maschinen beförderten Leerwagenzug in der Nähe von Vordernberg-Markt.

Besonders eindrucksvoll war der Dampfbetrieb auf der Erzbergbahn im Winter. Am 2. Februar 1978 zogen die Lokomotiven 97 217 (mit Giesl-Ejektor) und 97 204 einen Leerwagenzug in der Nähe des Haltepunkts Glaslbremse, an dem die bergwärts fahrenden Züge stets Wasser nehmen mussten.

ZAHNRADLOKS ACHENSEEBAHN (ÖBB)

Verwendungszweck	Zahnradlokomotive
Erstes Baujahr	1889
Bauart	B zt n2
Spurweite	1000 mm
Länge über Puffer	5650 mm
Dienstgewicht	18,26 t
Treib- und Kuppelraddurchmesser	898 mm
Achslast	9,2 t
Höchstgeschwindigkeit	15 km/h
Leistung	180 PSi
gefertigte Stückzahl	4 Stück

Die Lokomotiven für die mittels Zahnstange betriebene Achenseebahn wurden zwischen 1889 und 1896 von der Lokomotivfabrik Floridsdorf in Wien nach Konstruktionsplänen der Maschinenfabrik Esslingen gebaut. Es waren einfache Nassdampfmaschinen, die wegen der großen Streckenneigung zusätzlich mit einer Riggenbach-Gegendruckbremse ausgerüstet waren. Der Betrieb wird bis heute noch mit den gleichen, mittlerweile rund 125 Jahre alten Dampflokomotiven abgewickelt, die nach wie vor von Jenbach auf 5,3 km bis Maurach-Mitte einen Höhenunterschied von 426 m überwinden. Am Endbahnhof Seespitz besteht Anschluss zu den Schiffen auf dem Achensee.

Die Zahnradlokomotiven der späteren ÖBB-Reihe 999 wurden zwischen 1892 und 1900 für verschiedene Bergbahnen beschafft, etwa für die Schneebergbahn, die vom Bahnhof Puchberg auf den Hochschneeberg und auf 1796 m Höhe führt. Die Maschinen waren weitgehend baugleich und unterschieden sich im Wesentlichen durch den Winkel, in dem der Kessel der Steigung angepasst wurde, um die Feuerbüchse in horizontaler Lage stets von Wasser bedeckt zu halten. Auch nach rund 120 Betriebsjahren stehen die fünf Dampflokomotiven noch immer voll im Einsatz. Das Bild der Lok 999.01 entstand bereits im Mai 1971 im Bahnhof Puchberg.

BAUREIHE 999 (ÖBB)

Verwendungszweck	Zahnradlokomotive
Erstes Baujahr	1892
Bauart	2 zz1 n2t
Spurweite	1000 mm
Länge über Puffer	4.545 mm
Dienstgewicht	18 t
Treib- und Kuppelraddurchmesser	573 mm
Achslast	6 t
Höchstgeschwindigkeit	12 km/h
Leistung	120 PSi
gefertigte Stückzahl	22 Stück

Als Ersatz für die im Ersten Weltkrieg verlorengegangenen Schmalspurlokomotiven wurden ab 1928 von den Österreichischen Bundesbahnen neue C 1`-Maschinen der Gattung Uh beschafft. Die neuen, leistungsstarken Heißdampfmaschinen gelangten sofort auf verschiedenen österreichischen Schmalspurbahnen in den Einsatz. Dabei ersetzten sie auch einige veraltete, leistungsschwache Typen. Im Jahr 1953 übernahm die ÖBB noch acht Lokomotiven und ordnete sie als Reihe 498 in ihren Nummernplan ein. Bis 1973 wurden die letzten fünf Maschinen durch Diesellokomotiven ersetzt. Mehrere Lokomotiven haben aber, teilweise betriebsfähig, überlebt. Die 2010 auf Ölhauptfeuerung umgerüstete Lok Nr. 5 „Gerlos" gehört der Zillertalbahn und befindet sich bis heute vor den beliebten Touristikzügen dieser Strecke im Einsatz. Hier ist die damals noch rostgefeuerte Maschine im Jahr 1992 im Bahnhof Jenbach zu sehen.

BAUREIHE 498 (ÖBB)

Verwendungszweck	Schmalspurlokomotive
Erstes Baujahr	1928
Bauart	C 1` h2t
Spurweite	760 mm
Länge über Puffer	8.020 mm
Dienstgewicht	28,1 t
Treib- und Kuppelraddurchmesser	820 mm
Achslast	7,5 t
Höchstgeschwindigkeit	40 km/h
Leistung	340 PSi
gefertigte Stückzahl	9 Stück

BAUREIHE PT 47 (PKP)

Verwendungszweck	Schnellzuglok
Erstes Baujahr	1947
Bauart	1`D 1` h2
Spurweite	1435 mm
Länge über Puffer	22.975 mm
Dienstgewicht	103 t
Treib- und Kuppelraddurchmesser	1850 mm
Achslast	18,3 t
Höchstgeschwindigkeit	110 km/h
Leistung	2000 PSi
gefertigte Stückzahl	180 Stück

In der unmittelbaren Nachkriegszeit litt die PKP unter Mangel an Reisezugmaschinen. Daher war im polnischen Dampflok-Neubauprogramm auch eine derartige Maschine enthalten. Bereits 1947 war die auf der Pt 31 basierende Pt 47 als 1` D 1` h2-Schlepptenderlok fertig. Dabei wurden Trieb- und Laufwerk komplett von der Vorgängerin übernommen, während der Kessel überarbeitet wurde. So ließ sich die Leistung von 1868 auf 2000 PS steigern. Äußerlich unterschieden sich die beiden Typen in Führerhaus und Tender. Bis 1951 lieferten zwei polnische Lokomotivhersteller insgesamt 180 Einheiten.
Da die Maschinen einen großen Rost von 4,5 m² hatten, wurden einige Loks mit einer Stokerfeuerung ausgerüstet. Diese formschönen Lokomotiven waren nicht nur für die Spätzeit der Dampftraktion in Polen charakteristisch. Sie spielten als Universallokomotiven auch in weiteren Ländern eine wichtige Rolle.

Anfang der 1990er Jahre und nach dem offiziellen Dampfende befanden sich bei der Polnischen Staatsbahn (PKP) noch rund 200 Dampflokomotiven, darunter auch mehrere Loks der Baureihe Pt 47, im betriebsfähigen Zustand. Die Loks gehörten zu einem in Europa einmaligen Museumskonzept, das die tägliche Dampfbespannung von Personen- und Güterzügen in einigen ausgewählten Zentren langfristig erhalten sollte. Dazu gehörte auch das Bw Walbrzych (Waldenburg), in dem am 2. Oktober 1992 die Pt 47-28 sich von ihrem letzten Einsatz ausruht.

BAUREIHE PM 36 (PKP)

Verwendungszweck	Schnellzuglok
Erstes Baujahr	1937
Bauart	2`C1`h2
Spurweite	1435 mm
Länge über Puffer	24.843 mm
Dienstgewicht	94 t
Treib- und Kuppelraddurchmesser	2000 mm
Achslast	17,4 t
Höchstgeschwindigkeit	140 km/h
Leistung	1800 PSi
gefertigte Stückzahl	2 Stück

An der in den 1930er Jahren begonnenen internationalen Entwicklung stromlinienförmig verkleideter Dampflokomotiven beteiligten sich auch die Polnischen Staatsbahnen. 1937 entstanden die beiden Baumusterlokomotiven Pm 36-1 und Pm 36-2, wobei letztere keine solche Verkleidung besaß. Rein äußerlich und in ihren Abmessungen lehnten sich die Maschinen an die leichten DRG-Schnellzugloks der Baureihe 03 an, sie besaßen aber eigenständige konstruktive Akzente. Während die Stromlinienlok im Krieg verlorenging, kam die Pm 36-2 bei der PKP wieder in Fahrt. Das Einzelstück wurde 1965 ausgemustert, 1995 aber betriebsfähig reaktiviert. Die unter dem Namen „Schöne Helena" bekannt gewordene Schnellzuglok gehört seither zum Museums-Bw Wolsztyn. Am 9. Januar 2003 erreichte die Maschine auf der Hauptbahn nach Poznan eine Geschwindigkeit von mehr als 130 km/h.

Die vom Traditions-Bw Wolsztyn eingesetzte Pm 36-2 rollt im April 2007 vor einem planmäßigen Personenzug durch das brettebene Land bei Stary Widzino. Im Grunde ist eine solche absolut nicht artgerechte Leistung von weniger als 80 t Anhängelast geradezu eine Beleidigung für die starke Schnellzuglokomotive. Andererseits muss sich jeder Kritiker darüber freuen, dass diese schöne Maschine überhaupt – und noch dazu betriebsfähig – erhalten geblieben ist.

BAUREIHE OK 1 (PKP)	
Verwendungszweck	Personenzuglokomotive
Erstes Baujahr	1906
Bauart	2`C h2
Spurweite	1435 mm
Länge über Puffer	18.600 mm
Dienstgewicht	78,2 t
Treib- und Kuppelraddurchmesser	1750 mm
Achslast	17,7 t
Höchstgeschwindigkeit	100 km/h
Leistung	1180 PSi
gefertigte Stückzahl	ca. 4000 Stück

Hinter der Baureihenbezeichnung Ok 1 verbirgt sich die in knapp 4000 Einheiten seit 1906 von der Preußischen Staatsbahn beschaffte, aber auch an andere Bahngesellschaften gelieferte Gattung P 8 der späteren DRG-Baureihe 38^{10}. Nach dem Ersten Weltkrieg mussten zahlreiche Maschinen als Reparationsloks an die neugegründete PKP abgeliefert werden. Das Kriegsende 1945 brachte weitere Zugänge, und der Gesamtbestand wuchs auf 429 Maschinen. Bei der PKP wurden die letzten Ok 1 bis Herbst 1979 eingesetzt. Die in Wolsztyn beheimatete Museumslok Ok 1-359 (Ex-38 2155, die 1917 bei Schwartzkopff in Berlin gebaut wurde) erhielt am 20. März 1989 in Pila (Schneidemühl) eine Hauptuntersuchung. Bis Ende Mai 2009 kam die Maschine im Planbetrieb zum Einsatz. Seither wartet sie auf die Entscheidung, ob sie einer erneuten Untersuchung unterzogen werden kann.

Insgesamt sind in Polen acht Ok 1 erhalten geblieben. Die mit Abstand bekannteste Maschine ist die im Museums-Bw Wolsztyn eingesetzte Ok 1-359, die hier am 28. September 1991 zusammen mit einer Ok 22 einen langen Sonderzug bespannt.

Die Baureihe Ok 22 entstand im Jahr 1922 in Zusammenarbeit mit polnischen Ingenieuren als verbesserte P 8 in den Hanomag-Werken in Hannover. Das 2` C-Laufwerk wurde unverändert übernommen, die Rostfläche im Hinblick auf die Verfeuerung minderwertigerer Kohle allerdings erheblich vergrößert. Die höhere Kessellage verlieh den Lokomotiven ein moderneres Aussehen. 1923 wurden die ersten fünf Maschinen an die PKP geliefert. Aus finanziellen Gründen kam es erst sechs Jahre später zum Serienbau in Polen. Bis 1934 entstanden insgesamt 185 Maschinen. Aufgrund ihrer großen Ähnlichkeit mit der preußischen P 8 erhielt die Ok 22 auch den Beinamen „polnische P 8". Die Wolsztyner Lok Ok 22-31 kam nach einer Hauptuntersuchung im Sommer 1987 wieder in den planmäßigen Zugdienst. Am 2. Mai 2009 war die Lok letztmalig unter Dampf zu sehen, da die Untersuchungsfristen abgelaufen waren. Abmessungen und Leistungen entsprechen weitgehend ihrer Vorgängerin, wobei der neuentwickelte Kessel der Ok 22 mehr Leistung entwickelt.

BAUREIHE OK 22 (PKP)

Verwendungszweck	Personenzuglokomotive
Erstes Baujahr	1923
Bauart	2`C h2
Spurweite	1435 mm
Länge über Puffer	18.612 mm
Dienstgewicht	78,9 t
Treib- und Kuppelraddurchmesser	1750 mm
Achslast	17 t
Höchstgeschwindigkeit	100 km/h
Leistung	1340 PSi
gefertigte Stückzahl	190 Stück

Nach Kriegsende befand sich der Fahrzeugpark der PKP in desolatem Zustand. Um die Lage schnellstmöglich zu verbessern, wurde ein umfangreiches Neubauprogramm für Dampfloks aufgelegt. Dazu gehörte auch eine Schlepptendermaschine für Personenzüge. Zwischen 1951 und 1954 gelangten 112 der mit der Achsfolge 1` C 1` ausgebildeten Maschinen der Baureihe Ol 49 in den Dienst der PKP. Es waren sehr leistungsstarke Lokomotiven, die dank der niedrigen Achslast von 17 t sowohl im Vorortverkehr als auch auf Nebenbahnen eingesetzt werden konnten. Die Maschinen erhielten geschlossene Führerhäuser und kleine, hoch aufgesetzte Windleitbleche. Die Zwillingsloks beschleunigten hervorragend und erreichten bei Testfahrten spielend 120 km/h. Sie bewährten sich ausgezeichnet und waren im ganzen Land verbreitet. In Wolsztyn gehörten Lokomotiven dieser Baureihe zu den letzten einsatzfähigen Maschinen. Im Bild ist Ol 49-7 am Abend des 2. Oktober 1995 zu sehen.

BAUREIHE OL 49 (PKP)

Verwendungszweck	Personenzuglokomotive
Erstes Baujahr	1951
Bauart	1`C 1` h2
Spurweite	1435 mm
Länge über Puffer	20.675 mm
Dienstgewicht	83,25 t
Treib- und Kuppelraddurchmesser	1750 mm
Achslast	17,15 t
Höchstgeschwindigkeit	100 km/h
Leistung	1300 PSi
gefertigte Stückzahl	115 Stück

Am 28. September 1991 rangiert die 1953 gebaute Personenzuglokomotive Ol 49-59 im Gleisbereich des Bahnhofs Wolsztyn. Diese zuverlässigen polnischen Neubaulokomotiven befanden sich in Wolsztyn am häufigsten im Planeinsatz. Im April 2014 beförderte eine Lok dieser Baureihe den vorerst letzten von diesem Bw bespannten Personenzug mit Dampflok.

Die Ol 49-91 des Bw Krzyz (Kreuz) beförderte am 27. September 1991 mit Volldampf einen Sonderzug über die ehemalige preußische Ostbahn bei Trzcianka (Schönlanke). Beachtenswert sind die damals noch vorhandenen doppelten Telegrafenmasten, die mittlerweile an dieser Strecke praktisch überall entfernt worden sind.

BAUREIHE TY 45 (PKP)

Verwendungszweck	Güterzuglokomotive
Erstes Baujahr	1947
Bauart	1`E h2
Spurweite	1435 mm
Länge über Puffer	20.035 mm
Dienstgewicht	97,5 t
Treib- und Kuppelraddurchmesser	1450 mm
Achslast	17 t
Höchstgeschwindigkeit	75 km/h
Leistung	1730 PSi
gefertigte Stückzahl	428 Stück

Die 1` E h2-Güterzug-Schlepptenderlok ging aus den verbesserten Vorkriegstypen Ty 23 und Ty 37 hervor. Da sich die bis 1939 in zusammen 639 Einheiten beschafften Güterzuglokomotiven der Baureihen gut bewährt hatten, ging eine verbesserte, als Ty 45 bezeichnete Variante ab 1947 bei der polnischen Lokomotivindustrie in Serie. Bis 1951 entstanden insgesamt 428 Loks, die in erster Linie beim schweren Kohlentransport zwischen den schlesischen Zechen und den polnischen Ostseehäfen Verwendung finden sollten. Weitere 20 Maschinen gelangten an Werksbahnen in Oberschlesien.
Im Vergleich zu den Güterzuglokomotiven Ty 42 und Ty 43 war die Baureihe Ty 45 etwas kleiner. Da der Rost mit 4,55 m² für Handbefeuerung die oberste Belastungsgrenze eines Heizers darstellte, wurden einige Loks auf Stokerfeuerung umgerüstet.

Hinter der PKP-Bezeichnung Ty 2 verbirgt sich nichts anderes als die seit 1942 in Großserie gebaute DRG-Kriegslokomotive der Baureihe 52. Nach 1945 verblieben in Polen 1207 Maschinen der Baureihe. Zwischen 1962 und 1964 wurden weitere 200 aus der Sowjetunion angekauft. Bis 1946 wurden von der polnischen Lokomotivindustrie während des Krieges begonnene Maschinen fertiggestellt sowie aus noch vorhandenen Restteilen weitere Loks gebaut. Dies waren 150 völlig baugleiche Einheiten, die als Baureihe Ty 42 geführt wurden.
Die aus der Not geborene Einfachheit der Maschinen wurde zu ihrer Tugend. Obwohl eigentlich nur für eine Lebensdauer von nicht mehr als zehn Jahren vorgesehen, blieben sie bei vielen Bahngesellschaften weitaus länger im Einsatz.

BAUREIHE TY 2 (PKP)

Verwendungszweck	Güterzuglokomotive
Erstes Baujahr	1942
Bauart	1`E h2
Spurweite	1435 mm
Länge über Puffer	22.975 mm
Dienstgewicht	84 t
Treib- und Kuppelraddurchmesser	1400 mm
Achslast	15,4 t
Höchstgeschwindigkeit	80 km/h
Leistung	1620 PSi
gefertigte Stückzahl	6700 Stück

Die Lok Ty 42-148 gehört zu jenen 150 Lokomomotiven, die bis 1946 aus bereits begonnenen Maschinen der DRG-Baureihe 52 oder aus noch lagernden Restteilen fertiggestellt wurden. Sie waren mit den Ty2, also der Baureihe 52, völlig identisch. Hier sehen wir den von dieser Lok gezogenen Personenzug P 55025 am 1. Juni 1991 in der Nähe der Ortschaft Stany.

Die PKP-Baureihe Ty 2 respektive Ty 43 entspricht der Reichsbahn-Baureihe 42, also der zweiten, stärkeren Kriegslok. Da mit ihrem Bau erst 1943 begonnen wurde, entstanden im Gegensatz zur BR 52 einschließlich aller Nachkriegsfertigungen nur 1063 Maschinen. Es waren zahlreiche Hersteller in den von Deutschland besetzten Gebieten in die Fabrikation eingebunden. Ein Auftrag über 150 Maschinen ging 1944 an die Firma Fablok in Polen, wurde aber bis Kriegsende nicht mehr ausgeführt. Die Fertigstellung von 124 Einheiten erfolgte erst nach 1945. Weitere drei Lokomotiven kamen nach dem deutschen Abzug in polnischen Besitz und wurden unter Ty 3 registriert. Letztlich wurden alle 129 Maschinen der Baureihe 42 bei der PKP zusammengefasst und einheitlich als Baureihe Ty 43 geführt. Die abgebildete Ty 3-2 wurde daher als Ty 43-126 eingereiht. Es waren leistungsstarke Maschinen, deren regulärer Planeinsatz bei der PKP erst im Jahr 2001 endete.

TY 43/TY 3 (PKP)

Verwendungszweck	Güterzuglokomotive
Erstes Baujahr	1945
Bauart	1`E h2
Spurweite	1435 mm
Länge über Puffer	23.000 mm
Dienstgewicht	96 t
Treib- und Kuppelraddurchmesser	1400 mm
Achslast	17,1 t
Höchstgeschwindigkeit	80 km/h
Leistung	1800 PSi
gefertigte Stückzahl	127 Stück

BAUREIHE TY 51 (PKP)

Verwendungszweck	Güterzuglokomotive
Erstes Baujahr	1953
Bauart	1`E h2
Spurweite	1435 mm
Länge über Puffer	23.025 mm
Dienstgewicht	109,9
Treib- und Kuppelraddurchmesser	1400 mm
Achslast	20,6 t
Höchstgeschwindigkeit	80 km/h
Leistung	2160 PSi
gefertigte Stückzahl	242 Stück

Bei der PKP-Baureihe Ty 51 handelt es sich um eine Dampflok für den schweren Güterverkehr. Diese Nachkriegs-Neukonstruktion orientierte sich an den von den US-Herstellern Baldwin und Alco erworbenen Maschinen der Reihe Ty 246. 212 Lokomotiven wurden zwischen 1953 und 1958 gebaut. Nachdem 1958 mit der Ty 51 232 die letzte Maschine fertiggestellt worden war, wurde der Dampflokbau in Polen gänzlich eingestellt.

Die Baureihe Ty 51 war sowohl die schwerste als auch die stärkste polnische Dampflok überhaupt. Der Betriebsdienst war mit ihr sehr zufrieden, denn auch bei niedrigem Druck stellte der Kessel ausreichend Dampf zur Verfügung. Ein gewisser Nachteil war die hohe Achslast von 20,6 t, die den Einsatz der Maschinen auf gut ausgebaute Hauptbahnen beschränkte.

Die Sandbahnen in Oberschlesien wurden zunächst mit 22 Maschinen der Baureihe Ty 45 ausgestattet. Diese wurden als so genannte Sandbahnloks für die Beförderung der schweren Sandzüge eingesetzt, deren Ladegut zur Verfüllung der abgebauten Kohlenflöze im Oberschlesischen Steinkohlenrevier benötigt wurde. Diese Bahn setzte auch Loks der Reihe Ty 2 ein, wie die hier im November 1990 im Bw Chakowa abgelichtete, als 52 3458 im Jahr 1943 bei Krauss-Maffei gebaute Maschine. Erst gegen 2001 wurde der Dampfbetrieb auf der Sandbahn eingestellt.

BAUREIHE TKT 48 (PKP)

Verwendungszweck	Personenzugtenderlokomotive
Erstes Baujahr	1950
Bauart	1`D 1` h2
Spurweite	1435 mm
Länge über Puffer	14.200 mm
Dienstgewicht	98 t
Treib- und Kuppelraddurchmesser	1450 mm
Achslast	16,8 t
Höchstgeschwindigkeit	80 km/h
Leistung	1070 PSi
gefertigte Stückzahl	191 Stück

Die TKt 48 war eine für den Vorort- und Berufsverkehr, dank der günstigen Achslast von 16,8 t aber auch für den gemischten Nebenbahnbetrieb entwickelte Tenderlokomotive, die von der polnischen Lokomotivindustrie von 1950 bis 1957 in 191 Einheiten gebaut wurde. Weitere Fahrzeuge wurden als Werksloks an Industriebetriebe, sechs Maschinen nach Albanien geliefert. Für ihr ursprüngliches Einsatzfeld im schnellen Vorortverkehr erwiesen sich die Lokomotiven wegen ihrer etwas zu knappen Leistung von 1070 PS allerdings als nicht sonderlich geeignet. Dank ihrer hohen Reibungsmasse von 98 t waren sie jedoch ideale Universalmaschinen für den Betrieb auf Mittelgebirgsstrecken. Die Loks waren für 80 km/h in beiden Fahrtrichtungen zugelassen. Dadurch entfiel das Drehen an Endbahnhöfen. Erst mit der Stilllegung vieler Nebenbahnen in den späten 1980er Jahren verloren die Loks ihr angestammtes Einsatzgebiet.

Weltweit besaßen zahlreiche größere Industriebetriebe Werksbahnen für den internen Waggonverschub und für den Anschluss an das Gleisnetz der Staatsbahn. Die Größe der Lokomotiven hing vom Leistungsbedarf ab. Beim Bahnausbesserungswerk (ZNTK) Olesnica (Oels) war noch 1991 eine kleine C-gekuppelte Tenderlokomotive mit der Betriebsnummer Tkh 5 699 vorhanden, die dort lange Zeit als „Hofhund" für Verschubdienste zur Verfügung gestanden hatte. Dies war eine typische Industrielok, wie sie bis 1960 in zahlreiche Länder exportiert wurde.

TKH 5 (PKP)

Verwendungszweck	Güterzugtenderlokomotive
Erstes Baujahr	1927
Bauart	C n2
Spurweite	1435 mm
Länge über Puffer	9170 mm
Dienstgewicht	44,4 t
Treib- und Kuppelraddurchmesser	1150 mm
Achslast	14,8 t
Höchstgeschwindigkeit	40 km/h
Leistung	400 PSi
gefertigte Stückzahl	480 Stück

BAUREIHE TR 5 (PKP)

Verwendungszweck	Güterzuglokomotive
Erstes Baujahr	1934
Bauart	1`D h2
Spurweite	1435 mm
Länge über Puffer	18.296 mm
Dienstgewicht	90,31 t
Treib- und Kuppelraddurchmesser	1350 mm
Achslast	18 t
Höchstgeschwindigkeit	70 km/h
Leistung	1260 PSi
gefertigte Stückzahl	688 Stück

Hinter der polnischen Baureihe TR 5 verbirgt sich die preußische Güterzuglok der Gattung G 8[1]. Um die D-gekuppelten Maschinen noch universeller einsetzen zu können, wurden von 1934 bis 1941 insgesamt 688 Einheiten mit einer vorderen Laufachse ausgerüstet. Dadurch konnte die Höchstgeschwindigkeit auf 70 km/h erhöht werden, wodurch die Lokomotive auch mit Erfolg im Personenzugdienst verwendet werden konnte. Zur PKP gelangten 66 dieser robusten, einfachen und wartungsarmen Maschinen. Sie zeichneten sich besonders auf den zahlreichen Nebenstrecken mit schwachem Oberbau aus und wurden erst gegen Ende der 1960er Jahre abgestellt. Als einzige Lok blieb die Tr 5-65 erhalten. Sie wurde nach 22-jähriger Abstellzeit wieder betriebsfähig aufgearbeitet und ist hier vor einem planmäßigen Personenzug im Bahnhof Jaworzyna (Königszelt) zu sehen.

Die polnische Lokomotivbaureihe Tki 3 war die seit 1900 gebaute preußische Nassdampf-Gattung T 9³, von der diese Länderbahn allein 2060 Einheiten beschaffte. Weitere 150 gingen an andere Bahnverwaltungen. Nach dem Ersten Weltkrieg waren bei der neugegründeten PKP 320 Maschinen vorhanden, die als Tki 3 in Dienst gestellt wurden. Diese Güterzugtenderloks verrichteten überwiegend Dienst auf Nebenbahnen, mussten aber mit höherem Alter moderneren Maschinen weichen. Ende der 1960er Jahr verschwanden die letzten Exemplare vom Streckennetz der PKP. Einige wenige überlebten bei Werksbahnen. So auch die 1908 bei der Union-Gießerei in Königsberg entstandene und 1971 ausgemusterte Tki-3-87, die 1995 wieder betriebsfähig hergerichtet wurde.

BAUREIHE TKI (PKP)

Verwendungszweck	Güterzugtenderlokomotive
Erstes Baujahr	1900
Bauart	1`C n2
Spurweite	1435 mm
Länge über Puffer	10.700 mm
Dienstgewicht	59,9 t
Treib- und Kuppelraddurchmesser	1350 mm
Achslast	15,6 t
Höchstgeschwindigkeit	65 km/h
Leistung	470 PSi
gefertigte Stückzahl	2060 Stück

PX 48 (PKP)

Verwendungszweck	Schmalspurlokomotive
Erstes Baujahr	1950
Bauart	D h2
Spurweite	750 mm
Länge über Puffer	12.826 mm
Dienstgewicht	22 t
Treib- und Kuppelraddurchmesser	750 mm
Achslast	5,5 t
Höchstgeschwindigkeit	35 km/h
Leistung	200 PSi
gefertigte Stückzahl	111 Stück

Auch nach Kriegsende hatten die Schmalspurbahnen Polens für Personen- und Güterverkehr große Bedeutung. Da Lokomotivmangel herrschte, wurde 1948 die Konstruktion einer 750-mm-Zwillingsmaschine mit Achsfolge D eingeleitet. Da lange Umläufe gefahren werden mussten, wurden die Loks als Schlepptendermaschinen mit großen vierachsigen Tendern mit 6 m² Wasser und 4 t Kohle konstruiert. Von 1950 bis 1955 entstanden 111, wovon 93 von der PKP in Dienst gestellt wurden. Die 22 t schweren Loks hatten einen Treib- und Kuppelraddurchmesser von 750 mm und erreichten 35 km/h. Die Px 48 war das Rückgrat auf dem 750-mm-Streckennetz. Obwohl die Beschaffung rumänischer Dieselloks in den späten 1960er Jahren begann, setzte die Ausmusterung der Schmalspurdampfloks erst ab 1980 in verstärktem Maße ein. Auch durch Streckenstilllegungen wurde die Px 48 entbehrlich. Bis heute sind aber mehrere Maschinen, davon einige betriebsfähig, erhalten geblieben.

Mit den ab 1902 gebauten vierfach gekuppelten laufachslosen Heißdampflokomotiven der Gattung G 8 der Preußischen Staatsbahn fand auch diese neue Technik bei einer Güterzuglokomotive Verwendung. Sie wurden bis 1913 beschafft. Im Betriebsdienst zeigte sich allerdings, dass verschiedene Baugruppen zu schwach dimensioniert waren, was bei der nachfolgenden Gattung G 81 korrigiert wurde. In Polen verblieben nach dem Ersten Weltkrieg 83 Maschinen, die von der PKP unter der Bezeichnung Tp 3 eingesetzt wurden. Auch nach Kriegsende waren die verbliebenen 45 Lokomotiven unverzichtbar. Die letzte wurde erst 1970 ausgemustert. Die Tp 3-36 und ehemalige 55 2199 steht heute als Denkmal am Bahnhof Zbaszynek.

BAUREIHE TP 3 (PKP)

Verwendungszweck	Güterzuglokomotive
Erstes Baujahr	1902
Bauart	D h2
Spurweite	1435 mm
Länge über Puffer	17.968
Dienstgewicht	58,5 t
Treib- und Kuppelraddurchmesser	1350 mm
Achslast	16,4 t
Höchstgeschwindigkeit	55 km/h
Leistung	1100 PSi
gefertigte Stückzahl	1054 Stück

Die seit 1928 für die Österreichische Staatsbahn gefertigten Schnellzuglokomotiven der Baureihe 214 wurden zwischen 1937 und 1940 in Rumänien mit geringfügigen Änderungen als Baureihe 142 in Lizenz gefertigt. Den Bau teilten sich die beiden rumänischen Hersteller Malaxa und Resita. Diese mit einer Ölzusatzfeuerung ausgerüsteten Maschinen waren die schnellsten und schwersten Dampfloks des Landes. Sie zogen bis zum Ende der Dampftraktion schnelle und schwere Reisezüge über große Entfernungen. Obwohl sie ohne Schwierigkeiten 140 km/h erreichen konnten, waren die Lokomotiven, ähnlich wie in Österreich, offiziell nur für 110 km/h zugelassen. Zu Beginn der 1970er Jahre wurden die letzten Einheiten ausgemustert. Vier Lokomotiven sind erhalten geblieben, darunter die im Depot Arat betriebsfähig gehaltene Lok 142.044. Hier kämpft sich die Maschine im Oktober 1998 mit einem Sonderzug über die steigungsreiche Strecke von Oradea nach Cluj.

BAUREIHE 142 (CFR)

Verwendungszweck	Schnellzuglokomotive
Erstes Baujahr	1937
Bauart	1`D 2` h2
Spurweite	1435 mm
Länge über Puffer	22.580 mm
Dienstgewicht	118 t
Treib- und Kuppelraddurchmesser	1900 mm
Achslast	18 t
Höchstgeschwindigkeit	110 km/h
Leistung	2940 PSi
gefertigte Stückzahl	79 Stück

Die in Lizenz gebaute rumänische Schnellzuglokomotive der Baureihe 142 war schon eine gewaltige Maschine, deren äußere Abmessungen eine große Zugkraft verhießen, die auch tatsächlich vorhanden war. Dieses Bild zeigt die Lok 142.044 im Depot Oradea.

Immer höhere Zuggewichte und die Ausdehnung des Schnellzugverkehrs führten in den ersten Jahren des 20. Jahrhunderts auch in Rumänien zu einem zusätzlichen Bedarf an leistungsfähigen Lokomotiven. So beschaffte die rumänische Staatsbahn zwischen 1913 und 1923 insgesamt 90 Vierzylinder-Schnellzuglokomotiven der Baureihe 231. Die überwiegend von Maffei gebauten Maschinen entsprachen weitgehend der bayerischen S 3/6 mit dem Unterschied, dass sie nur einen einfachen Vierzylinderantrieb besaßen und mit Ölzusatzfeuerung ausgestattet waren. Die Feuerung erfolgte wie bei vielen rumänischen Lokomotiven durch eine Mischung aus Schweröl und Braunkohle, beides im Land vorhandene Brennstoffe. Die Maschinen bildeten zusammen mit den späteren Loks der Reihe 142 über Jahrzehnte das Rückgrat im Schnellzugverkehr des Landes. Seit der zweiten Hälfte der 1960er Jahre wurden die Pacific-Loks immer mehr von der Dieseltraktion verdrängt.

BAUREIHE 231 (CFR)

Verwendungszweck	Schnellzuglokomotive
Erstes Baujahr	1913
Bauart	2`C 1` h4
Spurweite	1435 mm
Länge über Puffer	21.040 mm
Dienstgewicht	89 t
Treib- und Kuppelraddurchmesser	1855 mm
Achslast	14,8 t
Höchstgeschwindigkeit	126 km/h
Leistung	1750 PSi
gefertigte Stückzahl	90 Stück

BAUREIHE 230 (CFR)

Verwendungszweck	Personenzuglokomotive
Erstes Baujahr	1906
Bauart	2`C h2
Spurweite	1435 mm
Länge über Puffer	18.600 mm
Dienstgewicht	78,2 t
Treib- und Kuppelraddurchmesser	1750 mm
Achslast	17,7 t
Höchstgeschwindigkeit	100 km/h
Leistung	1180 PSi
gefertigte Stückzahl	ca. 4000 Stück

Kaum eine andere Lokomotive genießt heute solche Beliebtheit wie die preußische P 8. Ihre universelle Verwendbarkeit und große Stückzahl ließ sie nicht nur in Deutschland, sondern in fast ganz Europa heimisch werden. Die rumänische Staatsbahn ließ nach dem Ersten Weltkrieg unter der Baureihenbezeichnung 230 insgesamt 131 Einheiten von deutschen Herstellern bauen. Weitere 230-Loks fertigte die heimische Industrie in Lizenz. Im Gegensatz zu den deutschen Maschinen waren sie mit Ölzusatzfeuerung ausgerüstet. Auch in Rumänien machte sich die Baureihe 230 als Universallokomotive alle Ehre. Die Lokomotiven wurden hauptsächlich im Personen- und Eilzugdienst, nicht selten aber auch vor Schnellzügen eingesetzt. Mitte der 1970er Jahre wurden sie außer Dienst gestellt. Hier ist die Lok 230.299 im Jahr 1994 vor einem Sonderzug zu sehen.

Auch die in großen Stückzahlen gebaute DRG-Baureihe 50 wurde durch die Kriegsereignisse fast über ganz Europa verstreut. Zahlreiche Maschinen blieben vor allem in Osteuropa stehen, wovon die jeweiligen Bahngesellschaften noch jahrzehntelang profitierten. Einige Loks blieben in Rumänien zurück oder wurden später von der Sowjetunion übernommen. Zwischen 1947 und 1959 ließ die CFR allerdings 282 Loks als Baureihe 150 nachbauen. Die Maschinen waren für doppelte Feuerung – Kohle und Öl – eingerichtet und hatten geschlossene Führerhäuser. Aufgrund ihrer großen Stückzahl bildeten sie als leistungsfähigste Schlepptenderloks eine der Hauptstützen nicht nur im Güterverkehr, sondern auch vor Reisezügen aller Art. Ausgemustert wurden die meisten zwischen 1976 und 1982. Zur Einsparung von Dieselkraftstoff wurden in den 1980er Jahren insgesamt 200 Maschinen, darunter auch Loks der Baureihe 150, wieder in Betrieb genommen.

BAUREIHE 150 (CFR)

Verwendungszweck	Güterzuglokomotive
Erstes Baujahr	1939
Bauart	1`E h2
Spurweite	1435 mm
Länge über Puffer	22.940 mm
Dienstgewicht	86,9 t
Treib- und Kuppelraddurchmesser	1400 mm
Achslast	15,2 t
Höchstgeschwindigkeit	80 km/h
Leistung	1625 PSi
gefertigte Stückzahl	282 Stück (nur Nachbauten)

BAUREIHE 40 (CFR)

Verwendungszweck	Zahnradtenderlokomotive
Erstes Baujahr	1906
Bauart	1`D 1` n4zzt
Spurweite	1435 mm
Länge über Puffer	11.376 mm
Dienstgewicht	71,3 t
Treib- und Kuppelraddurchmesser	1050 mm
Achslast	11,3 t
Höchstgeschwindigkeit	40 km/h
Leistung	k.A.
gefertigte Stückzahl	7 Stück

Von 1906 bis 1907 lieferte die Wiener Lokomotivfabrik Floridsdorf sieben sowohl für Reibungs- wie für Zahnradbetrieb einsetzbare Tenderlokomotiven der Reihe TIVc an die ungarische Staatsbahn (MAV). Die Maschinen kamen auf einer Karpatenstrecke im Banat zum Einsatz. Mit der Abtretung des Gebiets an Rumänien gelangten die Loks 1920 zur CFR. Es waren vierfach gekuppelte Vierzylinder-Nassdampfloks mit jeweils einer nachlaufenden Achse. Bei der rumänischen Staatsbahn wurden sie als Reihe 40 geführt. Im Reibungsbetrieb erreichten diese Lokomotiven 40 km/h. Im Zahnradbetrieb beförderten sie einen 150-t-Zug mit 12 km/h den Berg hinauf. Nach 70 Dienstjahren wurde die Strecke 1978 stillgelegt. Es blieben sechs von sieben Lokomotiven als Denkmäler erhalten.

Von den zwischen 1910 und 1925 in rund 3000 Einheiten gefertigten preußischen Güterzugloks der Gattung G 10 (spätere DRG-Baureihe 57^{10-35}) gelangten in den Wirren beider Weltkriege auch verschiedene Maschinen nach Rumänien. Von den DRG-Loks unterschieden sie sich durch den Einbau eines doppelten Feuerungssystems für Kohle und Öl, beides Brennstoffe, die im eigenen Land vorhanden waren. Diese einfachen und robusten Lokomotiven erforderten für die Betriebsbereitschaft nur wenig Aufwand und konnten auch von weniger gut geschultem Personal bedient und gewartet werden. Zu Beginn der 1970er Jahre verschwanden auch sie aus dem Einsatzdienst.

BAUREIHE 50 (CFR)

Verwendungszweck	Güterzuglokomotive
Erstes Baujahr	1910
Bauart	E h2
Spurweite	1435 mm
Länge über Puffer	18.912 mm
Dienstgewicht	76,6 t
Treib- und Kuppelraddurchmesser	1400 mm
Achslast	15,3 t
Höchstgeschwindigkeit	60 km/h
Leistung	1100 PSi
gefertigte Stückzahl	3000 Stück

BAUREIHE 764 (CFR)	
Verwendungszweck	Schmalspurlokomotive
Erstes Baujahr	1906
Bauart	D n2t
Spurweite	760 mm
Länge über Puffer	7465 mm
Dienstgewicht	22 bzw. 24,8 t
Treib- und Kuppelraddurchmesser	750 mm
Achslast	5,5 bzw. 6,2 t
Höchstgeschwindigkeit	30 km/h
Leistung	290 PSi
gefertigte Stückzahl	284 Stück

Als Typ 70 wurde eine von der Budapester Firma MAVAG gebaute Schmalspur-Tenderlokomotive für 760 mm Spurweite bezeichnet. Fahrzeuge dieses Typs waren in ganz Südosteuropa auf Feld- und Waldbahnen verbreitet. Mit insgesamt 284 bis zum Jahr 1988 gefertigten Einheiten gehört die Reihe nicht nur zu den meistgebauten, sondern auch zu den längstlebigen Schmalspurlokomotiven Europas. Ein Großteil war bei rumänischen Bahnen im Einsatz. Die letzten Serien fertigte der ungarische Hersteller im Jahr 1950. Doch auch danach bestand bei den rumänischen Waldbahnen noch großer Bedarf an neuen Lokomotiven. Das Herstellerwerk Resita begann deshalb 1951 mit der Produktion einer Nachbauserie. Die Fahrzeuge hatten ein etwas höheres Gewicht und mehr Leistung. Bis 1958 verließen 120 Loks die Werkshallen. Ab den 1970er Jahren war Rumänien fast das letzte Land Europas, in dem noch nennenswert Waldbahnen betrieben wurden.

Lok 764.411 der Wassertalbahn (Viseu de Sus) mit einem Güterzug am 8. Mai 1992 in den Karpatenwäldern. Noch 1970 betrieb die staatliche Forstverwaltung Rumäniens rund 3000 km solcher Waldbahnen. Selbst 1989 waren noch 15 Strecken mit etwa 1000 km übrig. Die wirtschaftlichen Veränderungen seit 1990 wirkten sich für die Waldbahnen verheerend aus. Alle – bis auf die Wassertalbahn – wurden stillgelegt. Zumindest für diese letzte Waldbahnlinie besteht berechtigte Hoffnung, sie und die dort noch vorhandenen Dampflokomotiven für die Zukunft zu erhalten.

BAUREIHE SO (SZD)

Verwendungszweck	Güterzuglokomotive
Erstes Baujahr	1934
Bauart	1`E h2
Spurweite	1524 mm
Länge über Puffer	12.600 mm (ohne Tender)
Dienstgewicht	105,4 t
Treib- und Kuppelraddurchmesser	1320 mm
Achslast	19,2 t
Höchstgeschwindigkeit	70 km/h
Leistung	1950 PSi
gefertigte Stückzahl	4448 Stück

Die Dampflokbaureihe SO der sowjetischen Staatsbahn war eine Universallokomotive, die ihre Bezeichnung nach dem Politiker und Verbündeten Stalins, Sergo Ordschonikidse erhielt. Die Konstruktion dieser 1`E-Maschine leitete als Zwischenentwicklung schließlich zu den größeren 1`E 1`-Modellen über. Die bis 1951 gefertigten Lokomotiven waren im Laufe ihrer langen Bauzeit zahlreichen Änderungen unterworfen. So wurden Verbesserungen an der Saugzuganlage und am Überhitzer vorgenommen sowie Versuche mit Kohlenstaubfeuerung durchgeführt. Aufgrund ihrer großen Stückzahl waren die Lokomotiven in der gesamten Sowjetunion verbreitet. Ihre Ausmusterung erfolgte in den 1970er Jahren. Im betriebsfähigen Zustand sind drei Maschinen erhalten geblieben, darunter die im Februar 1998 fotografierte Lok SO 4371, die in Kiew stationiert ist.

Die russische Schlepptender-Reihe S mit der Achsfolge 1`C 1`wurde erstmals 1908 gebaut. Es war eine klassische Universallokomotive, mit der hauptsächlich der Personenzugverkehr auf Nebenbahnen abgewickelt wurde. Die ohnehin recht niedrige Achslast von 18 t ließ sich durch Verschiebung des Drehpunkts der Ausgleichhebel bei Bedarf auf 16 t verkleinern. Die Maschinen besaßen eine große Rostfläche und einen Überhitzer der Bauart Notkin. Bis 1918 entstanden etwa 900 Lokomotiven. Auch unter sowjetischer Regie wurde der Bau dieser einfachen und zuverlässigen Maschinen fortgeführt. Ab 1926 gab es eine in den Moskauer Kolomna-Werken hergestellte verstärkte Ausführung. Die S-Reihe gab es in mehreren Varianten, unter anderem eine mit Ölhauptfeuerung. Gebaut wurden sie bis 1951. Charakteristisch für diese Lokomotiven waren die Türen an der Führerhausfront und der geländergesicherte Umlauf.

BAUREIHE S (SZD)

Verwendungszweck	Personenzuglokomotive
Erstes Baujahr	1908
Bauart	1`C 1` h2
Spurweite	1524 mm
Länge über Puffer	23.738 mm
Dienstgewicht	85,3 t
Treib- und Kuppelraddurchmesser	1850 mm
Achslast	18 t
Höchstgeschwindigkeit	115 km/h
Leistung	1600 PSi
gefertigte Stückzahl	3750 Stück

BAUREIHE L (SZD)

Verwendungszweck	Güterzuglokomotive
Erstes Baujahr	1945
Bauart	1`E h2
Spurweite	1524 mm
Länge über Puffer	23.745 mm
Dienstgewicht	103 t
Treib- und Kuppelraddurchmesser	1500 mm
Achslast	18,2 t
Höchstgeschwindigkeit	80 km/h
Leistung	2200 PSi
gefertigte Stückzahl	4200 Stück

Die sowjetischen Dampflokomotiven der Klasse L gehörten neben der Baureihe E zu den meistgebauten in der Sowjetunion. Ihren Namen erhielten sie nach dem Chefkonstrukteur der Lokomotivfabrik Kolomna, Lew Lebedjanski. Bis 1955 entstanden von dieser Zweizylindermaschine mindestens 4200 Einheiten, deren Produktion sich die Werke Kolomna und Luhansk teilten. Auffällig waren die hohe Kessellage und die Verkleidung zwischen Dampfdom und Schornstein, unter der sich eine Dampftrocknerleitung verbarg. Es war die erste SZD-Dampflok, die über Boxpok-Radsätze verfügte, was später Standard werden sollte. Diese kräftigen 1`E-Lokomotiven wurden landesweit überwiegend im Güterverkehr auf allen nicht elektrifizierten Strecken eingesetzt. Durch ihre relativ geringe Achslast waren diese einfachen und überaus robusten Maschinen praktisch auf allen Linien einsetzbar, sie waren wirtschaftlich und hatten einen hohen Gesamtwirkungsgrad. Abgelöst wurden sie erst im Traktionswandel Mitte der 1970er Jahre. Mehrere Maschinen, davon einige betriebsfähig, sind erhalten geblieben.

Der Prototyp der eindrucksvollen Schnellzuglokomotive der Baureihe P 36 entstand im Jahr 1950 bei der Lokomotivfabrik Kolomna. Zusammen mit weiteren Versuchsexemplaren wurden die Maschinen zunächst vier Jahre lang unter klimatisch extremen Bedingungen intensiv erprobt. Der Serienbau lief 1955 an und endete am 29. Juli 1956 mit der Ablieferung der letzten Maschine. Die hohe Stückzahl beweist, dass es sich bei dieser Lokomotive um eine rundum gelungene Konstruktion handelte. Ausgesprochen elegant wirkten ihre grüne Lackierung sowie die Teilverkleidung um Triebwerk, Schornstein und Dampfdome bis zur Führerhausvorderwand. Typisch für den sowjetrussischen Dampflokbau waren die Boxpokräder, der große Schienenräumer und Stokerfeuerung.
Die relativ kleinen Treibräder zeigten, dass es sich bei diesen Maschinen um keine ausgesprochenen Schnellläufer handelte. Viel wichtiger waren gute Beschleunigungswerte und die Fähigkeit, große Entfernungen im Durchlauf zu fahren. Das zeigt besonders der üppig dimensionierte Tender. Eingesetzt waren die Maschinen auf vielen von Moskau ausgehenden Hauptstrecken, später aber auch auf Abschnitten der Transsibirischen Eisenbahn, in der Ukraine und in Weißrussland. In den späteren 1970er Jahren wurden die Loks, die zahlreich erhalten geblieben sind, abgestellt. Hier ist die P 36 0050 am 23. Mai 1993 mit einem Sonderzug unterwegs.

BAUREIHE P 36 (SZD)

Verwendungszweck	Schnellzuglokomotive
Erstes Baujahr	1950
Bauart	2`D 2` h2
Spurweite	1524 mm
Länge über Puffer	29.809 mm
Dienstgewicht	149 t
Treib- und Kuppelraddurchmesser	1850 mm
Achslast	18,2 t
Höchstgeschwindigkeit	125 km/h
Leistung	3100 PSi
gefertigte Stückzahl	252 Stück

Die Lok P 36 0050 befährt mit einem aus russischen Weitstreckenwagen gebildeten Sonderzug einen steinernen Bogenviadukt bei Nowograd in der Ukraine.

Hier sehen wir die Güterzuglokomotive L 0029 am 12. Juni 2002 vor der Abfahrt im Bahnhof Krylowskaja im Bezirk Krasnodar. Diese Lokomotiven wirkten nicht nur sehr kraftvoll und leistungsstark, sie waren es auch

BAUREIHE E (SZD)

Verwendungszweck	Güterzuglokomotive
Erstes Baujahr	1912
Bauart	E h2
Spurweite	1524 mm
Länge über Puffer	11.906 mm (ohne Tender)
Dienstgewicht	85,6 t
Treib- und Kuppelraddurchmesser	1320 mm
Achslast	16,2 – 17,5 t
Höchstgeschwindigkeit	65 km/h
Leistung	1300 PSi
gefertigte Stückzahl	ca. 11.000 Stück

Die Dampflok-Baureihe E wurde ab 1912 für mehrere Bahngesellschaften des Russischen Kaiserreichs gebaut und später von den Sowjetischen Eisenbahnen (SZD) in gewaltigen Stückzahlen weiterbeschafft. Diese Fünfkuppler, die bis 1957 in verschiedenen Ausführungen gebaut wurden, gelten mit rund 11.000 Einheiten als die meistgebauten Dampflokomotiven der Welt. Mit ihrer geringen Achslast von anfangs rund 16 t waren die seit 1915 im Großserienbau hergestellten Lokomotiven auch auf Strecken mit leichtem Oberbau zu verwenden. Bis 1923 hatten mehr als 2800 Stück die Fabriken verlassen. Der Bedarf war so groß, dass einige größere Baulose an deutsche und schwedische Firmen vergeben wurden. Ab 1926 wurde eine verbesserte Ausführung im Inland gefertigt. Bis zum endgültigen Fertigungsende 1952 wurde der Typ noch mehrfach modifiziert, leistungsgesteigert und der neuesten technischen Entwicklung angepasst.

Eine Lokomotive der Baureihe E leistet am 21. Februar 2007 bei der Fahrt eines Fotogüterzuges durch die verschneite ukrainische Landschaft einer Lok der Baureihe E Vorspann. Von beiden in großen Stückzahlen gebauten Baureihen sind zahlreiche Maschinen erhalten geblieben. Davon sind auch einige betriebsbereit.

BAUREIHE 9 P (SZD)

Verwendungszweck	Rangier- u. Industrielokomotive
Erstes Baujahr	1935
Bauart	C h2
Spurweite	1524 mm
Länge über Puffer	9654 mm
Dienstgewicht	55,1 t
Treib- und Kuppelraddurchmesser	1050 mm
Achslast	18,3 t
Höchstgeschwindigkeit	35 km/h
Leistung	10 k.A.
gefertigte Stückzahl	2200 Stück

Die sowjetischen Bahnen und Industriewerke beschafften zwischen 1935 und 1957 von den Kolomna-Werken mindestens 2200 C-gekuppelte Tenderlokomotiven für den Rangier- und Übergabedienst. Später beteiligten sich noch weitere Hersteller am Bau dieser Lokomotiven. Die kleinen und handlichen, dennoch sehr zugstarken Maschinen liefen auf vielen Industrie-Anschlussbahnen, Grubenbahnen, in Hafenbetrieben und den Docks des Landes und bewährten sich gut. Loks dieser Baureihe waren die letzten Dampflokomotiven, die von der sowjetrussischen Industrie gebaut wurden.

Mehr als 2000 deutsche Kriegslokomotiven der DRG-Baureihe 52 gelangten nach Kriegsende zur Sowjetischen Staatsbahn (SZD). Weitere Maschinen wurden anschließend noch fertiggestellt und von der Bahn übernommen. Zum Betrieb auf der russischen Breitspur mussten die Lokomotiven nicht nur von der 1435-mm-Normalspur auf das Maß 1524 mm umgespurt werden, sondern es war auch der Einbau der dort üblichen Mittelpufferkupplung erforderlich. Typisch für die sowjetrussischen 52er war die kleine Rauchkammertür. Zahlreiche Maschinen erhielten Ölhauptfeuerung. Eine größere Zahl der Maschinen wurde noch vor der Umstellung auf moderne Traktionsarten entbehrlich und in der 1960er Jahren an andere Länder des Ostblocks verkauft. Im Raum Kaliningrad (Königsberg) waren noch bis Mitte der 1990er Jahre viele Loks als strategische Reserve abgestellt.

BAUREIHE TÄ (SZD)

Verwendungszweck	Güterzuglokomotive
Erstes Baujahr	1942
Bauart	1`E h2
Spurweite	1524 mm
Länge über Puffer	22.975 mm
Dienstgewicht	84 t
Treib- und Kuppelraddurchmesser	1400 mm
Achslast	15,4 t
Höchstgeschwindigkeit	80 km/h
Leistung	1620 PSi
gefertigte Stückzahl	6700 Stück

Die von 1908 bis 1919 in insgesamt 96 Einheiten von der Schwedischen Staatsbahn (SJ, Statens Järnvägar) beschafften Personenzuglokomotiven der Klasse B waren nicht nur im Reisezugdienst, sondern als Universalmaschinen auch vor Güterzügen im Einsatz. Ihr Bau erfolgte unter dem Eindruck der preußischen P 8, mit der sie Achsfolge und Treibraddurchmesser gemeinsam hatte. Bemerkenswert war das blattgefederte Drehgestell mit Außenrahmen. Als die SJ in den 1930er Jahren mit der Elektrifizierung ihrer Hauptbahnen begann, wurde eine Anzahl dieser nun überflüssigen Maschinen an Privatbahnen verkauft, die nach der Verstaatlichung wieder zur SJ zurückkamen. Drei noch im Jahr 1940 für eine Privatbahn gebaute Maschinen wurden später in den Staatsbahnbestand eingereiht. Mit den Loks waren alle Betreiber außerordentlich zufrieden. Die SJ setzte diese Baureihe bis in die 1960er Jahre auf den nicht elektrifizierten Strecken ein. Das letzte Exemplar wurde 1972 abgestellt. Einige Maschinen sind erhalten geblieben, darunter die 1915 gebaute Lok 1266, die in den Niederlanden erhalten wird.

BAUREIHE B (SJ)

Verwendungszweck	Personenzuglokomotive
Erstes Baujahr	1908
Bauart	2`C h2
Spurweite	1435 mm
Länge über Puffer	19.490 mm
Dienstgewicht	81 t
Treib- und Kuppelraddurchmesser	1750 mm
Achslast	16,2 t
Höchstgeschwindigkeit	90 km/h
Leistung	k.A.
gefertigte Stückzahl	99 Stück

BAUREIHE A 3/5 (SBB)

Verwendungszweck	Schnellzuglokomotive
Erstes Baujahr	1907
Bauart	2`C h4v
Spurweite	1435 mm
Länge über Puffer	18.740 mm
Dienstgewicht	71,1 t
Treib- und Kuppelraddurchmesser	1780 mm
Achslast	14,3 t
Höchstgeschwindigkeit	100 km/h
Leistung	1500 PSi
gefertigte Stückzahl	49 Stück

Die Schweizerischen Bundesbahnen (SBB) beschafften von 1907 bis 1915 bei SLM in Winterthur insgesamt 49 unter der Baureihenbezeichnung A 3/5 geführte Vierzylinder-Heißdampf-Verbund-Schnellzuglokomotiven. Es waren sehr formschöne und zugleich leistungsfähige Lokomotiven, mit denen der Betriebsdienst sehr zufrieden war. Bis zur Elektrifizierung der Gotthardstrecke waren diese Maschinen für den hochwertigen Reisezugdienst zuständig. Durch die schnell fortschreitende Elektrifizierung verloren sie aber schon bald ihr angestammtes Einsatzgebiet. Bereits Mitte der 1930er Jahre wurden die ersten Maschinen ausgemustert. Die restlichen folgten bis 1946. 22 Stück wurden an die Niederlande verkauft, dort als Baureihe 3500 erfasst und bereits 1952 abgestellt.

Die Schmalspurlokomotiven der Baureihe G 4/5 wurden von 1904 bis 1915 in insgesamt 29 Einheiten durch die Rhätische Bahn (RhB) beschafft. Die von der Schweizerischen Lokomotiv- und Maschinenfabrik (SLM) Winterthur gebauten Schlepptendermaschinen kamen bis zur Elektrifizierung der Strecken hauptsächlich auf der Albulabahn zum Einsatz. Anfangs wurden Nassdampfloks, später Heißdampfmaschinen beschafft. Weltweit galten sie als die stärksten Schmalspurdampflokomotiven. Der Kohlenmangel im Ersten Weltkrieg stellte den Einsatz von Dampflokomotiven infrage und führte zu dem Entschluss, alle Strecken zu elektrifizieren. So wurden die Maschinen Anfang der 1920er Jahre verkauft. Lediglich zwei Maschinen verblieben bei der RhB als oberleitungsunabhängige Reserve für Schneeräumung und zum Einsatz vor Sonderzügen.

BAUREIHE G 4/5 (RHB)

Verwendungszweck	Schmalspurlokomotive
Erstes Baujahr	1904
Bauart	1`D h2
Spurweite	1000 mm
Länge über Puffer	13.970 mm
Dienstgewicht	67,5 t (mit Tender)
Treib- und Kuppelraddurchmesser	1050 mm
Achslast	9,7 t
Höchstgeschwindigkeit	45 km/h
Leistung	800 PSi
gefertigte Stückzahl	29 Stück

LOK 3450 „RED DEVIL" (SAR)

Verwendungszweck	Schmalspurlokomotive
Erstes Baujahr	1953 (Umbau 1981)
Bauart	2`D 2` h2
Spurweite	1067 mm
Länge über Puffer	32.772 mm
Dienstgewicht	136,1 t
Treib- und Kuppelraddurchmesser	1524 mm
Achslast	17 t
Höchstgeschwindigkeit	bis 160 km/h
Leistung	4000 PSi
gefertigte Stückzahl	1 Stück

Angesichts der ersten Ölkrise in den frühen 1970er Jahren und der einsetzenden Verschrottung von Dampflokomotiven machte der für die South African Railways (SAR) tätige britische Ingenieur David Wardale Vorschläge, um den Dampflokomotiven durch Einsatz neuer Technologien zu einem höheren Wirkungsgrad bei gleichzeitig reduzierten Verbrauchswerten zu verhelfen. Nach dem Umbau einer Lok der Reihe 19 D erhielt er 1979 die Genehmigung zum Umbau einer 2`D 2`-Maschine der Reihe 25 NC. Diese damals modernste SAR-Lok erhielt umfangreiche Verbesserungen am Verbrennungsraum, den Ventilen, der Saugzuganlage sowie einen vergrößerten Überhitzer. Die doppelte Saugzuganlage mit ihrem zweiten Schornstein erforderte die Verlängerung der Rauchkammer – außer der roten Lackierung und dem höher gelegten Umlauf der auffälligste Unterschied zur Baureihe 25 NC. Es entstand die Lok 3450, die ob ihrer Farbgebung den Beinamen „Red Devil" erhielt. Obwohl der Umbau bei beachtlichen Einsparungen ein voller Erfolg war, führte die SAR die Ausmusterung der Dampftraktion weiter fort. Daher blieb der rote Teufel ein bemerkenswertes Einzelstück, das noch einige Jahre vor Sonderzügen – wie hier im Juni 1999 – zu sehen war. Derzeit ist die Lok nicht betriebsfähig.

BAUREIHE 23 (SAR)

Verwendungszweck	Für Reise- und Güterzüge
Erstes Baujahr	1936
Bauart	2`D 1` h2
Spurweite	1067 mm
Länge über Puffer	26.575 mm
Dienstgewicht	112,7 t
Treib- und Kuppelraddurchmesser	1600 mm
Achslast	19,1 t
Höchstgeschwindigkeit	130 km/h
Leistung	k.A.
gefertigte Stückzahl	136 Stück

Die von den Kasseler Henschel-Werken und der BMAG zwischen 1936 und 1939 für die South African Railways gebauten 136 Dampfloks der Klasse 23 gehörten zu den schwersten, leistungsfähigsten und auch zu den zahlreichsten Dampfloks in Südafrika. Mit 1600 mm hatten diese Maschinen auch die größten Treibräder. Die Konstruktion basierte auf den ebenfalls überwiegend von Henschel gebauten Loks der Baureihen 15 E und 15 F, von denen sie sich durch höheren Kesseldruck und größere Treibräder unterschied.
Die gewaltigen Lokomotiven gehörten zu den weltweit größten Einrahmenmaschinen auf der 1067-mm-Kapspur und trugen bis weit in die 1950er Jahre die Hauptlast auf zahlreichen Strecken des Landes. Allerdings mussten sie auf Dauer den neuen Loks der Reihen 25 und 25 NC weichen.

Die zwischen 1938 und 1946 von der SAR beschafften 255 Lokomotiven der 2`D 1`- Baureihe 15 F waren die bei dieser Bahngesellschaft am häufigsten vertretenen Maschinen. Den Bau teilten sich deutsche und britische Hersteller. Aufgrund der großen Stückzahl waren diese bewährten Maschinen im ganzen Land verbreitet. Sie waren nicht nur im Güterzugdienst, sondern auch vor Reisezügen zu finden. Einige Maschinen wurden auch an andere Bahngesellschaften vermietet, so sechs Loks, die 1978 bei den Rhodesia Railways (RR) Dienst taten. Mehrere Maschinen blieben erhalten, darunter auch die aus einer Nachkriegslieferung stammende 15 F 3040, die sich hier vor einem Güterzug abmüht.

BAUREIHE 15 F (SAR)

Verwendungszweck	Güterzuglokomotive
Erstes Baujahr	1938
Bauart	2`D 1` h2
Spurweite	1067 mm
Länge über Puffer	22.401 mm
Dienstgewicht	115,1 t
Treib- und Kuppelraddurchmesser	1520 mm
Achslast	19,1 t
Höchstgeschwindigkeit	110 km/h
Leistung	k.A.
gefertigte Stückzahl	255 Stück

BAUREIHE 24 (SAR)	
Verwendungszweck	Güterzuglokomotive
Erstes Baujahr	1948
Bauart	1`D 2` h2
Spurweite	1067 mm
Länge über Puffer	22.770 mm
Dienstgewicht	72 t
Treib- und Kuppelraddurchmesser	1300 mm
Achslast	11,9 t
Höchstgeschwindigkeit	80 km/h
Leistung	k.A.
gefertigte Stückzahl	100 Stück

Die Loks der SAR-Baureihe 24 wurden 1948 und 1949 für den Nebenbahndienst beschafft. Es waren die einzigen südafrikanischen Dampflokomotiven mit der Achsfolge 1`D 2`. Die kleine Achslast von 11,9 t war auf den Einsatz auf Strecken mit leichtem Oberbau ausgelegt. Der mit einem zylindrischen Tank ausgebildete Tender besaß zwei dreiachsige Drehgestelle. Er fasste 9 t Kohle und 20 m³ Wasser.
Einsatzfeld war zunächst der Großraum Südwestafrika. Ab 1961 wurden die Loks der Reihe 24 durch Dieselloks ersetzt und nach Südafrika, überwiegend nach Transvaal und in die Kap-Provinz verlegt. Einige Lokomotiven sind betriebsfähig erhalten geblieben. Bis zur Streckenunterbrechung durch einen Erdrutsch im Jahr 2006 befuhren sie im Museumsbetrieb die 68 Kilometer lange Bahn von George nach Knysna und damit die berühmte Brücke über den Kaaimans-River. Ob die Linie wiederhergestellt wird, ist ungewiss.

Die SAR-Baureihe 14 C entstand zwischen 1918 und 1922 in 73 Einheiten bei den kanadischen Montreal Locomotive Works. Grund für die Beschaffung war kriegsbedingte Lokomotivknappheit. Obwohl diese Maschinen weitgehend den vor und zu Beginn des Krieges in Großbritannien gebauten Loks der Baureihe 14 entsprachen, besaßen sie nordamerikanische Konstruktionsmerkmale mit Barrenrahmen und hochliegendem Umlauf. Nach Beseitigung einiger Kinderkrankheiten erwiesen sich diese Maschinen als sehr brauchbar. Im Laufe ihrer langen Dienstzeit erhielten viele Maschinen neue Kessel. Sie wurden im gemischten Dienst bis in die 1980er Jahre eingesetzt. Auf einigen Rampenstrecken wurden sie für Schiebedienste verwendet. Aber auch der Vorortpersonenverkehr, die Beförderung von Nahgüterzügen sowie der schwere Rangierdienst waren Aufgaben, mit denen diese Lokomotiven betraut wurden.

BAUREIHE 14 C (SAR)	
Verwendungszweck	Güterzuglokomotive
Erstes Baujahr	1918
Bauart	2`D 1` h2
Spurweite	1067 mm
Länge über Puffer	20.374 mm
Dienstgewicht	92,7 t
Treib- und Kuppelraddurchmesser	1219 mm
Achslast	17,1 t
Höchstgeschwindigkeit	70 km/h
Leistung	k.A.
gefertigte Stückzahl	73 Stück

In den Jahren 1945 bis 1947 bezog die SAR vom britischen Hersteller Beyer-Peacock Dampflokomotiven der Bauart Garratt. Sie repräsentieren trotz ihres gewaltigen und komplizierten Erscheinungsbildes eine einfache und logische Entwicklung, die zur Güterzugbeförderung auf den langen Rampenstrecken notwendig war. Dank ihrer kleinen Achslast waren diese starken Maschinen auch auf Strecken mit leichterem Oberbau verwendbar. Die Vorräte waren so bemessen, dass auf einen Wasserwagen verzichtet werden konnte. Erkennbar waren die Maschinen an ihren vorn und hinten abgerundeten Wassertanks. Die von Hand gefeuerten Lokomotiven brachten die Heizer an ihre physische Leistungsgrenze. Die Lokomotiven wurden in ganz Südafrika eingesetzt. 1976 wurde die letzte GEA ausgemustert. Einige Loks wurden als Werkslokomotiven an Kohlengruben abgegeben. Lok GEA 4023, die auf der Bahn nach Oudtshoorn gerade einen Tunnel hinter sich gelassen hat, ist betriebsfähig.

BAUREIHE GEA (SAR)

Verwendungszweck	Güterzuglokomotive
Erstes Baujahr	1945
Bauart	2`D 1`- 1`D 2` h4 (Garratt)
Spurweite	1067 mm
Länge über Puffer	31.185 mm
Dienstgewicht	188,5 t
Treib- und Kuppelraddurchmesser	1219 mm
Achslast	15,3 t
Höchstgeschwindigkeit	70 km/h
Leistung	k.A.
gefertigte Stückzahl	50 Stück

BAUREIHE 25 NC (SAR)

Verwendungszweck	Güterzuglokomotive
Erstes Baujahr	1953
Bauart	2`D 2` h2
Spurweite	1067 mm
Länge über Puffer	31.410 mm
Dienstgewicht	124,3 t
Treib- und Kuppelraddurchmesser	1524 mm
Achslast	18,8 t
Höchstgeschwindigkeit	90 km/h
Leistung	3400 PSi
gefertigte Stückzahl	140 Stück

Hinter der SAR-Baureihenbezeichnung 25 verbirgt sich eine in Kapspur gebaute Dampflok mit Kondenseinrichtung, die zu den längsten und erfolgreichsten Maschinen dieser Bauart zählten. Auf den langen Strecken durch die südafrikanische Karoo-Wüste war der hohe Wasserverbrauch der Lokomotiven ein ernstes Problem. Teilweise musste das Wasser in Kesselwagenzügen an die Versorgungsstellen gebracht werden, was sehr aufwändig war. Dies führte zu der Entwicklung der Kondenslokomotiven, von denen 90 Stück beschafft wurden. Die Baureihe wurde auch als 25 NC („non condensing", also ohne Kondenseinrichtung) geliefert. Davon entstanden weitere 50 Einheiten. Später wurde bei verschiedenen Lokomotiven die Kondenseinrichtung entfernt und diese so zu 25 NC-Loks umgerüstet. Die Baureihe 25 NC gehörte zu den letzten auf Hauptstrecken eingesetzten Dampflokomotiven in Südafrika. Sie verschwanden erst in den frühen 1990er Jahren aus dem Plandienst.

Die Lokomotiven der SAR-Baureihe 19 D waren Universalloks, deren geringe Achslast sie auch zum Einsatz auf Nebenstrecken im ganzen Land befähigte. Sie gehörten zu den letzten Dampflokomotiven im Plandienst der SAR. 135 dieser Maschinen wurden ab 1937 von den Lokomotivherstellern Krupp, Borsig und Skoda geliefert. Nach Kriegsende übernahmen britische Hersteller den Bau der übrigen Lokomotiven. Einige Maschinen wurden auf der landschaftlich sehr schönen Küstenlinie von George nach Oudtshoorn im Museumsverkehr eingesetzt. Dagegen besorgte die Lok 19 D 2654 am 2. Juli 1996 den Werksverschub der Loraine Gold Mine.

BAUREIHE 19 D (SAR)

Verwendungszweck	Güterzuglokomotive
Erstes Baujahr	1937
Bauart	2`D 1` h2
Spurweite	1067 mm
Länge über Puffer	20.715 mm
Dienstgewicht	81,2 t
Treib- und Kuppelraddurchmesser	1370 mm
Achslast	12,6 t
Höchstgeschwindigkeit	70 km/h
Leistung	k.A.
gefertigte Stückzahl	235 Stück

Die Lokomotivbaureihe 434 der Tschechoslowakischen Staatsbahn (CSD) war eine Güterzugmaschine, die erstmals 1917 unter der Baureihenbezeichnung 270 für die österreichischen Bahnen gebaut wurde. Bis Kriegsende wurden 27 Stück hergestellt, und bis 1920 folgten weitere 100 Maschinen, die bei der BBÖ in Dienst gestellt wurden. Diese unkomplizierten Maschinen waren beim Betriebsdienst allseits geschätzt und bewährten sich hervorragend. In Österreich schieden die letzten Loks im Jahr 1968 aus dem Dienst.
Nach Ende des Ersten Weltkriegs gelangten verschiedene Maschinen zur neugegründeten Tschechoslowakei, deren Bahngesellschaft bis 1930 weitere 119 Maschinen von eigenen Herstellern bauen ließ. Ab 1924 erhielten die Loks die neue Baureihenbezeichnung 434.1. Nach dem Ende des Zweiten Weltkriegs erhöhte sich die Zahl durch weitere übernommene Lokomotiven auf 199, die überwiegend im Güterzug- und Rangierdienst eingesetzt wurden. Die meisten schieden bis 1972 aus dem Dienst, die letzte Lok wurde erst im März 1976 abgestellt. Erhalten blieb die rechts abgebildete Lok 434.1100, die erste in den Skoda-Werken gebaute Lokomotive, im Technischen Eisenbahnmuseum Luzna, während links die Lok 434.2298 aus der vorausgegangenen Baureihe 170 zu sehen ist.

BAUREIHE 434.1 (CSD)

Verwendungszweck	Güterzuglokomotive
Erstes Baujahr	1917
Bauart	1`D h2
Spurweite	1435 mm
Länge über Puffer	17.443 mm
Dienstgewicht	68 t
Treib- und Kuppelraddurchmesser	1298 mm
Achslast	13,6 t
Höchstgeschwindigkeit	60 km/h
Leistung	1400 PSi
gefertigte Stückzahl	246 Stück

BAUREIHE 387.0 (CSD)

Verwendungszweck	Schnellzuglokomotive
Erstes Baujahr	1926
Bauart	2`C 1` h3
Spurweite	1435 mm
Länge über Puffer	23.050 mm
Dienstgewicht	92,64 t
Treib- und Kuppelraddurchmesser	1900 mm
Achslast	17 t
Höchstgeschwindigkeit	110 km/h
Leistung	2030 PSi
gefertigte Stückzahl	43 Stück

Die zwischen 1926 und 1937 in 43 Einheiten entstandenen Schnellzuglokomotiven der Baureihe 387.0 waren dazu ausersehen, die mit nur 90 km/h für den schnellen Reisezugdienst etwas zu langsamen Loks der Reihe 365 zu ersetzen. Nach den jüngsten Erfahrungen entschied man sich für die Dreizylinderbauart. Der Entwurf verband österreichische mit Konstruktionsmerkmalen der zur jener Zeit entstehenden DRG-Einheitslokomotiven. Im Gegensatz zu letzteren waren sie mit Rücksicht auf die hiesigen Streckenverhältnisse deutlich leichter ausgeführt. Die Lokomotivbaureihe 387 war die wichtigste Schnellzuglokomotive der CSD zwischen den Weltkriegen. Kenner sprechen von einer der elegantesten Lokomotiven der Welt, die auch leistungsmäßig überzeugen konnte. Hinzu kam die besondere Wirtschaftlichkeit durch günstige Brenn- und Schmierstoffverbräuche.

Die Schnellzug-Baureihe 498.0 der CSD wurde zwischen 1946 und 1947 in 40 Einheiten gebaut. Es war eine sehr wohlproportionierte Schlepptenderlokomotive mit der Achsfolge 2`D 1`, die ob ihres eleganten Erscheinungsbildes den Beinamen „Albatros" erhielt. Die Konstruktion basierte auf der bereits 1938 entstandenen CSD-Baureihe 486.0, die in zahlreichen Punkten verbessert wurde. So liefen die Treib- und Kuppelräder der mit einem stabilen Barrenrahmen ausgeführten Maschine in zentral geschmierten Gleitlagern.
Die Loks hatten geschweißte Kessel, einen vom Führerhaus zu betätigenden Kipprost sowie eine pneumatisch mittels Fußhebels bedienbare Feuertür. Die in den Basisfarben rot und blau lackierten Lokomotiven erregten national und international großes Aufsehen – und dies nicht nur wegen ihrer ansprechenden Linienführung.

BAUREIHE 498.0 (CSD)

Verwendungszweck	Schnellzuglokomotive
Erstes Baujahr	1946
Bauart	2`D 1` h3
Spurweite	1435 mm
Länge über Puffer	24.950 mm
Dienstgewicht	106,1 t
Treib- und Kuppelraddurchmesser	1830 mm
Achslast	18 t
Höchstgeschwindigkeit	120 km/h
Leistung	2210 PSi
gefertigte Stückzahl	40 Stück

BAUREIHE 498.1 (CSD)

Verwendungszweck	Schnellzuglokomotive
Erstes Baujahr	1952
Bauart	2`D 1` h3
Spurweite	1435 mm
Länge über Puffer	25.500 mm
Dienstgewicht	116,6 t
Treib- und Kuppelraddurchmesser	1830 mm
Achslast	18,5 t
Höchstgeschwindigkeit	120 km/h
Leistung	2650 PSi
gefertigte Stückzahl	15 Stück

Die ab 1952 gebaute CSD-Schnellzuglokomotive 498.1 entstand als Weiterentwicklung aus der Reihe 498.0. Bei diesen eleganten und überaus leistungsstarken Maschinen kamen nicht nur moderne französische Einflüsse zum Tragen, sondern auch alle übrigen positiven Elemente, die sich weltweit in der Konstruktion von Dampflokomotiven gesammelt hatten. Dazu gehörte auch das Kylchap-Doppelblasrohr. Zweifelsohne waren diese Loks Höhepunkte des Dampflokbaus in der Tschechoslowakei und ganz Europa. Vergleichsweise niedrig war ihre Höchstgeschwindigkeit von 120 km/h bemessen, was aber für die Betriebsverhältnisse auf den hügeligen Trassen des Landes vollkommen ausreichte. Dass sie auch für höhere Geschwindigkeiten gut war, bewies die Baureihe in Versuchsfahrten, bei denen eine Geschwindigkeit von 162 km/h erreicht wurde.

Die Lokomotiven der CSD-Dampflokbaureihe 475.1 wurden für die Beförderung von Personen-, Eil- und Schnellzügen im Hügelland sowie für den Transport schneller Güterzüge entwickelt. Zwischen 1947 und 1950 entstanden 172 dieser Universalmaschinen, von denen allerdings 25 Stück den Bahnen in Nordkorea zur Verfügung gestellt wurden. In der Tat waren diese Lokomotiven allein schon aufgrund ihrer niedrigen Achslast von nur 15 Tonnen überaus vielseitig verwendbar. Auch in diesen Entwurf waren alle fortschrittlichen Erkenntnisse im Dampflokbau eingeflossen. Dazu gehörten die durchgängige Schweißkonstruktion, Achsrollenlager, mechanische Rostbeschickung mittels Stoker, automatische Schmierung und das Doppelblasrohr der Bauart Kylchap. Das Haupteinsatzgebiet dieser formschönen Lokomotiven war die Beförderung schwerer Reisezüge in den Mittelgebirgen Böhmens und der Slowakei.

BAUREIHE 475.1 (CSD)

Verwendungszweck	Schnellzuglokomotive
Erstes Baujahr	1947
Bauart	2`D 1` h2
Spurweite	1435 mm
Länge über Puffer	20.610 mm
Dienstgewicht	100 t
Treib- und Kuppelraddurchmesser	1750 mm
Achslast	15 t
Höchstgeschwindigkeit	100 km/h
Leistung	2010 PSi
gefertigte Stückzahl	147 Stück

BAUREIHE 354.7 (CSD)

Verwendungszweck	Personenzuglokomotive
Erstes Baujahr	1911
Bauart	1`C 1` h2
Spurweite	1435 mm
Länge über Puffer	13.844 mm
Dienstgewicht	61,2 t
Treib- und Kuppelraddurchmesser	1614 mm
Achslast	14,2 t
Höchstgeschwindigkeit	80 km/h
Leistung	1200 PSi
gefertigte Stückzahl	197 Stück

Vor dem Ersten Weltkrieg beschaffte die kkStB in Österreich leistungsfähige Heißdampf-Zweizylinder-Personenzuglokomotiven der Reihe 429, die sowohl mit Verbund- als auch mit einfacher Dampfdehnung geliefert wurden. Von beiden Bauarten zusammengenommen entstanden 380 Lokomotiven. Für den Betriebsdienst erwies sich die letztere Variante als weniger anspruchsvoll und wartungsärmer. Daher baute die CSD alle auf ihrem Gebiet verbliebenen Verbundmaschinen in Zwillingsmaschinen um. So fanden sich insgesamt 152 Einheiten der Baureihe 354.7 im Bestand der CSD. Es waren solide, in etwa mit der preußischen Gattung P 8 vergleichbare Universalmaschinen, die nach Ende des Kriegs auch bei anderen Bahngesellschaften anzutreffen waren. Bei der CSD schieden die letzten Exemplare erst 1970 aus dem Bestand. Betriebsfähig erhalten geblieben ist die 1917 gebaute Lok 354.7152.

Nach dem Zweiten Weltkrieg herrschte bei der CSD großer Mangel an leistungsfähigen Güterzuglokomotiven. Aufgrund der guten Erfahrungen mit dem 1`E-Fahrgestell der DRG-Lokomotiven 50 und 52 entstand auf dieser Basis eine hervorragende, bis 1958 in großer Stückzahl gebaute Güterzugmaschine, bei der selbstverständlich alle neuzeitlichen Erkenntnisse im Lokbau Berücksichtigung fanden. Kein Wunder, dass die Maschinen im Betrieb mehr als überzeugten und stets mit überragenden, bisher unbekannt hohen Leistungen aufwarten konnten. Sehr schnell wurden die formschönen und starken Lokomotiven die Hauptstützen im schweren Güterzugdienst. Sie waren dank ihres niedrigen Achsdrucks universell einsetzbar und während der 30-jährigen Einsatzzeit praktisch überall im Land zu finden. Bis Anfang der 1980er Jahre kamen die Maschinen mit Übergabezügen regelmäßig nach Österreich.

BAUREIHE 556 (CSD)

Verwendungszweck	Güterzuglokomotive
Erstes Baujahr	1951
Bauart	1`E h2
Spurweite	1435 mm
Länge über Puffer	24.300 mm
Dienstgewicht	99 t
Treib- und Kuppelraddurchmesser	1400 mm
Achslast	16 t
Höchstgeschwindigkeit	80 km/h
Leistung	2200 PSi
gefertigte Stückzahl	510 Stück

BAUREIHE 310 (CSD)

Verwendungszweck	Nebenbahntenderlokomotive
Erstes Baujahr	1878
Bauart	C n2t
Spurweite	1435 mm
Länge über Puffer	7927 mm
Dienstgewicht	39,6 t
Treib- und Kuppelraddurchmesser	950 mm
Achslast	10,5 t
Höchstgeschwindigkeit	40 km/h
Leistung	315 PSI
gefertigte Stückzahl	228 Stück

Zwischen 1878 und 1911 bauten die österreichischen Hersteller 228 Nassdampflokomotiven für Nebenbahndienste. Aufgrund der langen Bauzeit gab es auch viele Bauunterschiede zwischen den Serien. Allen Maschinen gleich waren die niedrige Kessellage und die bis zur Kesselvorderfront gezogenen Wasserkästen. Sie unterstanden der Staatsbahn, aber auch zahlreichen Privatbahnen leisteten sie unschätzbare Dienste. Nach dem Ersten Weltkrieg wurden die Maschinen in alle Winde verstreut. Loks kamen nach Jugoslawien, Polen, Italien, Rumänien und in die Tschechoslowakei. Mit 133 Stück gelangte der größte Teil zur CSD, wo diese kleinen Maschinen als Baureihe 310.0 eingruppiert wurden. Dort blieben die Lokomotiven erstaunlicherweise noch bis Ende der 1960er Jahre im Einsatz. 1968 wurde das letzte Exemplar ausgemustert, doch sind mehrere Fahrzeuge erhalten geblieben.

Die Baureihe 423.0 war eine universell einsetzbare Tenderlokomotive der CSD für den Nebenbahnbetrieb. Die für ihre Baugröße recht leistungsstarken Maschinen waren dazu ausersehen, den von der CSD übernommenen Lokomotivpark zu vereinheitlichen und zu verjüngen. Der Maschinen waren beim Personal als gute Dampfmacher beliebt und ob ihres geräumigen Führerhauses sehr geschätzt. In der Ebene konnten sie einen 1000-t-Zug mit 50 km/h Geschwindigkeit befördern. Von diesen bewährten Fahrzeugen wurden mehrere Serien in verschiedenen Baulosen beschafft. Die letzte Lieferung mit 61 Stück erfolgte gar noch 1946. Sie leisteten bis zu ihrer Ausmusterung im Jahr 1978 in allen Einsatzbereichen gute Dienste. Mehrere Lokomotiven sind erhalten geblieben.

BAUREIHE 423 (CSD)

Verwendungszweck	Nebenbahntenderlokomotive
Erstes Baujahr	1921
Bauart	1`D 1` h2t
Spurweite	1435 mm
Länge über Puffer	11.920 mm
Dienstgewicht	73,4 t
Treib- und Kuppelraddurchmesser	1150 mm
Achslast	13 t
Höchstgeschwindigkeit	50 km/h
Leistung	750 PSi
gefertigte Stückzahl	231 Stück

BAUREIHE 477 (CSD)

Verwendungszweck	Personenzugtenderlokomotive
Erstes Baujahr	1950
Bauart	2`D 2` h3
Spurweite	1435 mm
Länge über Puffer	17.300 mm
Dienstgewicht	130,7 t
Treib- und Kuppelraddurchmesser	1625 mm
Achslast	17 t
Höchstgeschwindigkeit	100 km/h
Leistung	2170 PSi
gefertigte Stückzahl	60 Stück

Die CSD-Baureihe 477 war eine schwere Tenderlokomotive für den Vororts- und Berufsverkehr in den Ballungszentren. Wegen ihrer markanten Farbgebung erhielten die Maschinen den Spitznamen „Papousek" (Papagei). Die eigenwillig-schönen und zugleich leistungsstarken Drillingslokomotiven waren der Höhepunkt in der Entwicklung von Tenderloks bei der CSD. Sie entstanden bis 1955 in zwei Baulosen. Beim Personal waren sie wegen der mechanischen Stokerfeuerung, den guten Beschleunigungswerten und ihrer Wirtschaftlichkeit sehr beliebt, wenngleich der Zugang zum Innentriebwerk nicht gerade einfach war. Die Beförderung von 800 t Zuglast in der Ebene mit 96 km/h war kein Problem. Ihre spitze Rauchkammertür, die Witte-Windleitbleche und die Verkleidung der Dome auf dem Kesselscheitel dienten der Reichsbahn der DDR als Vorlage für die Rekonstruktion zur Baureihe 01[5].

Konstruktiv gingen die Nebenbahntenderlokomotiven der CSD-Baureihe 433 aus der bewährten Reihe 423 hervor. Die 1948 fertiggestellte Lokomotive hatte einige Verbesserungen erhalten. Auch war sie mit 60 km/h deutlich schneller als ihre Vorgängerin. Noch im gleichen Jahr wurden sämtliche 60 Maschinen ausgeliefert. Es war eine vierfach gekuppelte Maschine, welche die großen Kriegsverluste in ihren Einsatzgebieten ausgleichen sollte. Aufgrund ihrer geringen Achslast von nur 13 t war sie ohne Einschränkung auf allen Strecken des Landes einsetzbar.
Im Plandienst bewährte sie sich gut und waren beim Personal beliebt. Sie wurde bis zum Ende des Dampfbetriebs bei der CSD verwendet. Erst 1980 verschwand die letzte Lokomotive aus dem Einsatzdienst. Immerhin blieben sechs Maschinen erhalten. Hier sehen wir die Lok 433.002 vor der Lok 443.001 am 9. Mai 1999 vor einem Fotogüterzug in der Nähe von Chornice.

BAUREIHE 433 (CSD)

Verwendungszweck	Nebenbahntenderlokomotive
Erstes Baujahr	1948
Bauart	1`D 1` h2t
Spurweite	1435 mm
Länge über Puffer	12.140 mm
Dienstgewicht	73,3 t
Treib- und Kuppelraddurchmesser	1150 mm
Achslast	13 t
Höchstgeschwindigkeit	60 km/h
Leistung	800 PSi
gefertigte Stückzahl	60 Stück

Zwischen 1942 und 1947 erhielten die TCDD insgesamt 53 Zweizylinder-Mikado-Heißdampf-Lokomotiven mit der Achsfolge 1`D 1`. Sie stammten aus einer Serie von 200 Maschinen, die von den US-Herstellern Alco, Lima und Baldwin an das britische War Department (WD) für den Kriegseinsatz im Nahen Osten bereitgestellt wurden. 1942/43 erhielt die Türkische Staatsbahn zunächst 29 Maschinen, denen 1946/47 weitere 24 Exemplare folgten. Diese in Anlehnung an ihren Einsatzraum als „Middle East" bezeichneten Lokomotiven waren typische amerikanische Konstruktionen mit einem Treib- und Kuppelraddurchmesser von 1524 mm, erbrachten 13.900 kg indizierte Zugkraft und liefen maximal 70 km/h. Es waren sehr robuste und brauchbare Maschinen, die in verschiedenen Einsatzstellen stationiert waren. Bis zur Elektrifizierung im Jahr 1972 besorgten sie beispielsweise den gesamten Vorortverkehr von Ankara. Hier leistet die 46.226 der Lok 56.516 im Oktober 1991 Vorspann.

BAUREIHE 46.2 (TCDD)

Verwendungszweck	Güterzuglokomotive
Erstes Baujahr	1942
Bauart	1`D 1` h2
Spurweite	1435 mm
Länge über Puffer	20.830 mm
Dienstgewicht	91 t
Treib- und Kuppelraddurchmesser	1524 mm
Achslast	16,2 t
Höchstgeschwindigkeit	70 km/h
Leistung	1825 PSi
gefertigte Stückzahl	53 Stück

Diese Fotografie zeigt die TCDD-Lok 46.217, die einer Lok der Reihe 56 vor einem Reisezug Vorspann leistet. Das Bild entstand am 27.5.1988 auf der eingleisigen Linie bei Balgar.

Die Lokomotive 46.052 durchfährt mit einem Reisezug am 7. September 1994 auf der Strecke von Usak nach Afyon die weite anatolische Landschaft in der Nähe von Banaz.

BAUREIHE 56.0 (TCDD)

Verwendungszweck	Güterzuglokomotive
Erstes Baujahr	1937
Bauart	1`E h2
Spurweite	1435 mm
Länge über Puffer	22.360 mm
Dienstgewicht	105,1 t
Treib- und Kuppelraddurchmesser	1450 mm
Achslast	18,5 t
Höchstgeschwindigkeit	70 km/h
Leistung	1900 PSi
gefertigte Stückzahl	168 Stück

Die Lokomotiven 56.052 und 56.140 donnern am 12. September 1994 auf der Fahrt von Sivas nach Malatya mit Volldampf vor einem Güterzug durch das kahle, menschenleere Bergland Zentralanatoliens.

BAUREIHE 56.5 (TCDD)

Verwendungszweck	Güterzuglokomotive
Erstes Baujahr	1942
Bauart	1`E h2
Spurweite	1435 mm
Länge über Puffer	22.975 mm
Dienstgewicht	84 t
Treib- und Kuppelraddurchmesser	1400 mm
Achslast	15,4 t
Höchstgeschwindigkeit	80 km/h
Leistung	1620 PSi
gefertigte Stückzahl	53 Stück

Die TCDD-Baureihe 56.5 war die deutsche Kriegslok (DRG-Baureihe 52), deren erste zehn Exemplare 1943 an die türkischen Bahnen überstellt wurden. Bis Anfang 1944 folgten weitere 43 Reichsbahn-Maschinen, die zunächst als Leihloks deklariert waren, schließlich aber in das Eigentum der TCDD übergingen. Mit einem Achsdruck von nur 15,4 t waren sie als Universalloks auf allen Strecken mit leichtem Oberbau sehr geeignet. Dies galt vor allem für die Linien in der westlichen Türkei. Hinzu kam die einfache, sehr robuste Konstruktion, bei der auf alle für den Betrieb nicht unbedingt notwendige Bauteile und Einrichtungen verzichtet worden war. Man fand diese Lokomotiven sowohl im Reise- als auch im Güterzugverkehr und bis zur Verdieselung sogar vor internationalen Express-Zügen.

Die Lok 56.513 und eine Lok der Reihe 44.0 verqualmen den von ihnen befahrenen Streckenabschnitt bei Egirdir. Die 56.513 wurde 1943 von den Berliner Borsig-Werken unter der Betriebsnummer 52 366 gebaut und anschließend in die Türkei exportiert. Diese Maschine gehörte zu jenen zehn fabrikneuen Lokomotiven der Baureihe, die das Deutsche Reich 1943 der TCDD zur Verfügung stellte. Schließlich wollte man die neutrale Türkei, um deren Gunst auch die Alliierten buhlten und auf deren Chromlieferungen die deutsche Rüstungsindustrie angewiesen war, nicht unnötig verärgern und bei der Stange halten. Auch England und die USA versuchten sich durch Lokomotivlieferungen bei der türkischen Regierung beliebt zu machen.

In den Jahren 1947 und 1948 lieferten die Vulcan Iron Works insgesamt 88 Maschinen dieser 1`E-gekuppelten Zweizylinder-Heißdampflokomotiven. Die Loks waren die leistungsfähigsten Dampflokomotiven, die bei der TCDD jemals im Dienst standen. Da die Maschinen mit der sehr großen Rostfläche von 5,37 m² ausgebildet waren, was das Leistungsvermögen eines Heizers überstieg, waren sie als einzige der TCDD mit einem mechanischen Stoker ausgerüstet. Sie waren erheblich schwerer als die üblichen europäischen 1`E-Lokomotiven und wurden seit jeher vor allem auf der steigungsreichen Gebirgsstrecke zwischen den Bahnhöfen Zonguldak am Schwarzen Meer und Irmak eingesetzt. Sie beförderten schwere Kohlen- und Erzzüge zwischen den Steinkohlenminen an der Küste und den Stahlwerken in Karabük. Von englischen Dampflokfreunden wurden diese beeindruckenden Maschinen ob ihrer vom Führerhaus bis zur Rauchkammer durchlaufenden Domverkleidung auf den Namen „Skyliner" getauft. Hier sehen wir die Lok 56 359 vor einem Sonderzug auf einer der zahlreichen Steinbrücken bei Collüce.

BAUREIHE 56.3 (TCDD)

Verwendungszweck	Güterzuglokomotive
Erstes Baujahr	1947
Bauart	1`E h2
Spurweite	1435 mm
Länge über Puffer	21.875 mm
Dienstgewicht	110,6 t
Treib- und Kuppelraddurchmesser	1450 mm
Achslast	19,8 t
Höchstgeschwindigkeit	70 km/h
Leistung	2350 PSi
gefertigte Stückzahl	88 Stück

BAUREIHE 55 (TCDD)

Verwendungszweck	Güterzuglokomotive
Erstes Baujahr	1912
Bauart	E h2
Spurweite	1435 mm
Länge über Puffer	18.910 mm
Dienstgewicht	76,8 t
Treib- und Kuppelraddurchmesser	1400 mm
Achslast	15,4 t
Höchstgeschwindigkeit	65 km/h
Leistung	1290 PSi
gefertigte Stückzahl	49 Stück

Die E-gekuppelte Zweizylinder-Heißdampflokomotive der TCDD-Reihe wurde zwischen 1912 und 1928 in insgesamt 49 Exemplaren in Dienst gestellt. Diese Maschinen entsprachen der Gattung G 10 der Preußischen Staatsbahn, und die ersten sechs Einheiten stammten aus deren Bestand. Um den dringenden Bedarf an größeren Güterzuglokomotiven zu decken, folgten zwischen 1927 und 1928 weitere Bestellungen über 43 Stück, die bei Henschel, Schwarzkopff und Nohab entstanden. In Abmessungen und Leistung entsprachen diese weitgehend der preußischen Güterzuglok G 10 und späteren DRG-Baureihe 57, die bis 1925 in 2589 Einheiten beschafft wurde. Seit den 1970er Jahren wurden diese einfachen aber zuverlässigen Maschinen überwiegend im Rangierdienst eingesetzt. Die abgebildete Lokomotive 55.013 ist ein 1928 von der schwedischen Lokomotivfabrik Nohab (Nydqvist & Holm AB) gefertigter G 10-Nachbau. Hier zu sehen im Bahnbetriebswerk Usak.

Die 1`E 1`-Maschinen der TCDD-Baureihe 57 wurden zwischen 1933 und 1937 in 27 Einheiten von Henschel, Krupp und Schwarzkopff geliefert. Es waren sehr gelungene Mehrzwecklokomotiven für Güterzüge und schwere Reisezüge, deren Einsatz auf den Strecken mit leichtem Oberbau in der westlichen Türkei vorgesehen war. Es war eine Plattenrahmenkonstruktion, deren Kessel, Zylinder, Steuerung, Achslager, Bremsen und Führerhaus mit jenen der preußischen G 10 übereinstimmten und so für eine hohe Austauschbarkeit der Bauteile sorgte. So beschritten die Türkischen Bahnen schon damals recht fortschrittliche Wege des Austauschs von Teilen – angesichts der ständig angespannten Finanzlage ein Gebot der Stunde. Der maximale Achsdruck dieser universell einsetzbaren Lokomotiven beschränkte sich, trotz der großen und leistungsfähigen Kessel, auf 13,4 t, sodass sie auch auf Strecken mit leichtem Oberbau verwendet werden konnten.

BAUREIHE 57 (TCDD)

Verwendungszweck	Güterzuglokomotive
Erstes Baujahr	1933
Bauart	1`E 1` h2
Spurweite	1435 mm
Länge über Puffer	22.200 mm
Dienstgewicht	90,6 t
Treib- und Kuppelraddurchmesser	1400 mm
Achslast	13,4 t
Höchstgeschwindigkeit	80 km/h
Leistung	1550 PSi
gefertigte Stückzahl	27 Stück

BAUREIHE 424 (MAV)

Verwendungszweck	Reise- und Güterzuglokomotive
Erstes Baujahr	1924
Bauart	2`D h2
Spurweite	1435 mm
Länge über Puffer	20.790 mm
Dienstgewicht	85 t
Treib- und Kuppelraddurchmesser	1610 mm
Achslast	15 t
Höchstgeschwindigkeit	90 km/h
Leistung	1700 PSi
gefertigte Stückzahl	514 Stück

Die Baureihe 424 der Ungarischen Staatsbahn (MAV) war eine sehr zweckmäßige und anspruchslose Schlepptendermaschine für Reise- und Güterzüge. Diese wichtigste Universallokomotive Ungarns war ein überzeugender, robuster und betont einfacher Mehrzweckentwurf ohne exotische Zutaten. Zunächst entstanden nur 26 Einheiten, die den damals noch geringen Bedarf deckten. Erst während des Zweiten Weltkriegs wurden weitere 216 Maschinen gebaut, weitere 122 folgten bis 1958. Die Loks, die durch ihren langen Beschaffungszeitraum vielen Verbesserungen und Umbauten unterworfen waren, erhielten große Windleitbleche nach DRG-Muster. Insgesamt stellte die MAV 365 Stück in Dienst. Im Krieg wurde der Bestand verstreut, etwa in die Tschechoslowakei, nach Jugoslawien und in die Sowjetunion, einzelne Exemplare blieben in Österreich und in Polen.

Die Baureihe III u und spätere Reihe 324 wurde zwischen 1909 und 1943 in großen Stückzahlen für die Ungarische Staatsbahn hergestellt. Es war eine 1`C 1`-gekuppelte Universallokomotive, die dank niedriger Achslast auf allen Strecken des Landes eingesetzt werden konnte. Anfangs als Zweizylinder-Nassdampf-Verbundlokomotiven ausgeführt, ging man später zur Heißdampfbauweise über. Durch den Überhitzer stieg die Dampftemperatur auf 350 Grad Celsius, was zu einer Leistungssteigerung auf 1200 PSi führte. Frühere Nassdampfloks wurden umgerüstet. Nach 1918 kamen viele Maschinen zu benachbarten Bahngesellschaften. Infolge des langen Beschaffungszeitraums unterschieden sich spätere Lieferungen durch manche Verbesserungen und Bauartänderungen voneinander. Die Baureihe 324 war eine robuste und solide Maschine und für nahezu alle Aufgaben einsetzbar.

BAUREIHE 324 (MAV)

Verwendungszweck	Güterzuglokomotive
Erstes Baujahr	1909
Bauart	1`C 1` n2v bzw. h2
Spurweite	1435 mm
Länge über Puffer	17.534 mm
Dienstgewicht	61,94 t
Treib- und Kuppelraddurchmesser	1440 mm
Achslast	13,5 t
Höchstgeschwindigkeit	75 km/h
Leistung	1200 PSi
gefertigte Stückzahl	895 Stück

BAUREIHE 424 (GYSEV)

Verwendungszweck	Reise- und Güterzuglokomotive
Erstes Baujahr	1924
Bauart	2`D h2
Spurweite	1435 mm
Länge über Puffer	20.790 mm
Dienstgewicht	85 t
Treib- und Kuppelraddurchmesser	1610 mm
Achslast	15 t
Höchstgeschwindigkeit	90 km/h
Leistung	1700 PSi
gefertigte Stückzahl	514 Stück

Die in großen Stückzahlen gebauten Lokomotiven der Baureihe 424 gelangten auch in den Besitz der GySEV (Gyor-Sopron-Ebenfurter Eisenbahn), einer in Nordungarn ansässigen ungarisch-österreichischen Eisenbahngesellschaft. Trotz des Kalten Krieges wurde weiterhin grenzüberschreitend zwischen Österreich und Ungarn gefahren. Hier steht die Lok 424.064 am 1. April 1979 abfahrbereit im österreichischen Bahnhof Neufeld an der Leitha.

Nach Kriegsende übernahm die Sowjetunion eine große Zahl ehemaliger DRG-Kriegslokomotiven der Baureihe 52. Die meisten dieser Maschinen gelangten nach Umbau auf russische Breitspur in den Einsatzbestand. In den frühen 1960er Jahren wurden viele Maschinen überflüssig und an andere sozialistische Länder verkauft. 1963 erhielt die MAV 100 dieser Lokomotiven, von den sechs Stück unter Beibehaltung der MAV-Nummer an die GySEV weitergegeben wurden. Eine dieser Lokomotiven war die 520.079, die ehemalige 52 6944, die hier im Juni 1978 mit einem langen Güterzug bei Baumgarten zu sehen ist.

BAUREIHE 520 (GYSEV)

Verwendungszweck	Güterzuglokomotive
Erstes Baujahr	1942
Bauart	1`E h2
Spurweite	1435 mm
Länge über Puffer	22.975 mm
Dienstgewicht	84 t
Treib- und Kuppelraddurchmesser	1400 mm
Achslast	15,4 t
Höchstgeschwindigkeit	80 km/h
Leistung	1620 PSi
gefertigte Stückzahl	6700 Stück

BAUREIHE M 6 (SOUTHERN PACIFIC)

Verwendungszweck	Güterzuglokomotive
Erstes Baujahr	1901
Bauart	1`C h2
Spurweite	1435 mm
Länge über Puffer	15.620 mm
Dienstgewicht	75,4 t
Treib- und Kuppelraddurchmesser	1600 mm
Achslast	19 t
Höchstgeschwindigkeit	110 km/h
Leistung	k.A.
gefertigte Stückzahl	72 Stück

Die seit dem Jahr 2007 bei der Santa Luis & Rio Grande Railroad eingesetzte Schlepptenderlokomotive 1744 ist eine im November 1901 in den Baldwin-Lokomotivwerken in Philadelphia entstandene 1`C-Maschine der Baureihe M 6. Sie gehört zu einer Serie von insgesamt 72 identischen Nassdampf-Verbundeinheiten, die von der Southern Pacific-Railroad in Dienst gestellt wurden. 1908 erhielten die Maschinen Überhitzer und wurden so in Heißdampfloks umgewandelt. Ebenso kam es zum Umbau einiger Loks auf Ölhauptfeuerung. Diese kleinen, wendigen Universalmaschinen waren hauptsächlich in Kalifornien stationiert und wurden ursprünglich für den Güterzugdienst verwendet. Als aber die Züge mit der Zeit immer schwerer wurden, wanderten diese beim Personal sehr beliebten Maschinen in den Rangierdienst oder den Übergabeverkehr ab. Manche dieser kleinen Lokomotiven hielten bis zum Ende der Dampfära in den USA durch.

Die 914-mm-Schmalspur-Dampflokomotiven der Baureihe K 28 wurden 1923 von verschiedenen Herstellern für die Denver & Rio Grande Railroad gebaut. Dies waren die ersten seit 1903 von dieser Bahngesellschaft neu beschafften Lokomotiven. Die Heißdampfmaschinen hatten einen Außenrahmen mit innen eingebauten Treibradsätzen. Sieben Lokomotiven wurden während des Zweiten Weltkriegs von der US Army für den Dienst auf der White Pass & Yukon Route übernommen und später ausgemustert. Die drei übrigen Lokomotiven verblieben im Dienst der D&RGW, wobei sie aufgrund ihrer geringen Größe oftmals auf der seit 1981 angeschlossenen Durango & Silverton-Linie eingesetzt werden. Ihr Einsatzfeld besteht seit den 1950er Jahren überwiegend in der Beförderung von Touristik- und Sonderzügen. Die abgebildete Lok 478 befindet sich derzeit in der Aufarbeitung.

BAUREIHE K 28 (D& RGW)

Verwendungszweck	Schmalspurlokomotive
Erstes Baujahr	1923
Bauart	1`D 1` h2
Spurweite	914 mm
Länge über Puffer	10.540 mm
Dienstgewicht	70,8 t
Treib- und Kuppelraddurchmesser	1118 mm
Achslast	k.A.
Höchstgeschwindigkeit	35 km/h
Leistung	k.A.
gefertigte Stückzahl	10 Stück

BIG BOY BAUREIHE 4000 (UP)

Verwendungszweck	Güterzuglok
Erstes Baujahr	1941
Bauart	(2`D) D 2`h4
Spurweite	1435 mm
Länge über Puffer	40.500 mm
Dienstgewicht	350,2 t
Treib- und Kuppelraddurchmesser	1727 mm
Achslast	31 t
Höchstgeschwindigkeit	130 km/h
Leistung	6290 PSi
gefertigte Stückzahl	25 Stück

Das dickste Ding in diesem Buch kommt natürlich aus den USA. Es ist die Klasse 4000, besser bekannt als „Big Boy" der Union Pacific Railroad (UP), die von vielen als die größte Dampflokomotive der Welt angesehen wird. Wohl mit Recht: Die Gesamtlänge von mehr als 40 Metern und ein Gewicht mit Tender von 548,3 Tonnen lassen selbst die schwersten herkömmlichen Loks der Baureihe 44 klein erscheinen. Die Union Pacific, die schon mit den bereits gewaltigen Challenger-Loks Maßstäbe setzte, benötigte für die langen Rampenstrecken in den Rocky Mountains eine noch schwerere, zugkräftigere Maschine. Bislang mussten für diese Abschnitte stets mit Vorspann- oder Schubloks gefahren werden. Das war unwirtschaftlich und kostete viel Zeit und Arbeit. Gefordert wurde eine Lok, die 3300 Tonnen Zuglast allein über diese Steigungsabschnitte befördern konnte. Es entstand eine gigantische Gelenklokomotive mit einer weltweit einmaligen Achsfolge. Diese Loks konnten in der Ebene Züge mit Gewichten jenseits von 6000 t bewegen. Die Rostfläche, die mit 14 m^2 die Abmessungen eines mittelgroßen Zimmers besaß, musste mittels Stoker beschickt werden, denn die Größe überstieg die menschliche Kraft bei weitem. Die letzten Loks wurden erst 1959 abgestellt. Mehrere sind erhalten geblieben. Derzeit ist man um die erneute Inbetriebnahme der Lok 4014 bemüht.

NACHWORT

Welches sind die schönsten Dampfloks? Nach welchen Kriterien soll man sie auswählen? Wer kann überhaupt eine solche Auswahl treffen? Fragen über Fragen. Im Märchen der Gebrüder Grimm ging das ganz leicht. „Spieglein, Spieglein an der Wand – wer ist die Schönste im ganzen Land?“ – Und schon war die Antwort da.
So einfach ist es bei den Dampflokomotiven nun bei weitem nicht. Da die Geschmäcker bekanntlich verschieden sind, muss sich jeder Dampflokfreund die Frage selbst beantworten. Verlag und Autor haben es trotzdem gewagt, aus dem riesengroßen Spektrum der Typen und Baureihen eine auf den Umfang des Buches begrenzte Auswahl der schönsten Dampfloks zu treffen. Ein gewisses Maß an Subjektivität und durchaus gewolltem persönlichem Geschmack konnte (und sollte) dabei nicht ausbleiben. Auch möge es der Leser nachsehen, wenn vielleicht die eine oder andere gewünschte Loktype nicht aufgeführt ist.
Trotzdem würde es mich sehr freuen, wenn die getroffene Auswahl, aber auch die dazu verfassten Informationen Zustimmung und Interesse möglichst vieler Leser fände.
Ihnen allen wünsche ich viel Freude und schöne Stunden bei Ihrer Entdeckungsreise durch die faszinierende Welt der schönsten Dampflokomotiven

Udo Paulitz, im September 2015

ABKÜRZUNGEN

AW .... Ausbesserungswerk
BD................... Bremgarten-Dietikon-Bahn (CH); Bundesbahndirektion
BR................... British Railways (staatliche britische Eisenbahn)
Bw .... Bahnbetriebswerk
BZA.................. Bundesbahn-Zentralamt
CFR.................. Caile Ferate Romane (Rumänien)
CNR .... China Railways (chinesische Statsbahnen)
CSD .... Ceskoslovenské státní dráhy (Tschechoslowakei)
DB................... Deutsche Bundesbahn
DLW................. Dampflokwerk
DR................... Deutsche Reichsbahn
DRG .... Deutsche Reichsbahn-Gesellschaft
DSB .... Danske Statsbaner (Dänische Staatsbahnen)
EAW................. Eisenbahnausbesserungswerk
ENFE .... Empresa Nacional de Ferrocarriles del Estado (Ecuador)
FS .... Ferrovie dello Stato Italiane (italienische staatliche Eisenbahn)
Gbf.................. Güterbahnhof
Hbf.................. Hauptbahnhof
Indusi .... induktive Zugsicherung
IR.................... Indian Railways (staatliche indische Eisenbahn)
JZ.................... Jugoslovenske Železnice (jugoslawische Staatsbahn)
LG .... Lietuvos geležinkeliai (litauische Staatsbahn)
MA .... Myanma Railways (Myanmar)
MAV................. Magyar Államvasutak (Ungarische Staatsbahn)
ÖBB .... Österreichische Bundesbahnen
PKP.................. Polskie Koleje Panstwowe (Polnische Staatsbahnen)
PZB.................. Punktförmige Zugbeeinflussung
Raw .... Reichsbahnausbesserungswerk
Rbf .... Rangierbahnhof
SAR.................. South African Railways & Harbours
SBB.................. Schweizerische Bundesbahnen
SJ.................... Statens Järnvägar (schwedische Staatsbahn)
SNCB................ Société Nationale des Chemins de fer Belges
SNCF .... Société Nationale des Chemins de fer Français (staatliche französische Eisenbahn)
SZD .... Sowetskije schelesnyje dorogi (sowjetische Staatsbahn)
TCDD................ Türkiye Cumhuriyeti Devlet Demiryolları (Türkei)
UP................... Union Pacific Railroad
VES-M............... Versuchs- und Entwicklungsstelle Maschinenwirtschaft